中小学创客教育丛书

青少年 Micro:bit 智能设计

（微课版）

智能设计 趣味课堂

方其桂 主 编

王 军 张 青 副主编

清华大学出版社
北京

内 容 简 介

  本书按照项目式教学理念组织内容，从第1单元介绍Micro:bit使用开始，第2～4单元从易到难依次讲解了Micro:bit的显示屏、按钮和板载传感器功能的使用，第5～8单元主要讲解Micro:bit扩展应用，包括超声波传感器、红外传感器、舵机、土壤湿度传感器和电机在案例中的应用。所选案例均来自日常生活，运用Micro:bit创造性实现其效果，解决实际问题。

  本书适合中小学生阅读使用，可以作为教材辅助校外机构及学校社团开展创意智造活动，也可作为广大中小学教师和培训学校开展创客教育的指导用书。

图书在版编目(CIP)数据

  青少年Micro:bit智能设计趣味课堂：微课版 / 方其桂主编. —北京：清华大学出版社，2021.1
(中小学创客教育丛书)
  ISBN 978-7-302-56220-7

  Ⅰ.①青… Ⅱ.①方… Ⅲ.①可编程序计算器—青少年读物 Ⅳ.①TP323-49

  中国版本图书馆CIP数据核字(2020)第152613号

责任编辑：李 磊
封面设计：王 晨
版式设计：孔祥峰
责任校对：成凤进
责任印制：杨 艳

出版发行：清华大学出版社
    网   址：http://www.tup.com.cn，http://www.wqbook.com
    地   址：北京清华大学学研大厦A座   邮   编：100084
    社 总 机：010-62770175   邮   购：010-62786544
    投稿与读者服务：010-62776969，c-service@tup.tsinghua.edu.cn
    质 量 反 馈：010-62772015，zhiliang@tup.tsinghua.edu.cn
印 装 者：三河市铭诚印务有限公司
经 销：全国新华书店
开 本：170mm×240mm   印   张：12.25   字   数：283千字
版 次：2021年1月第1版   印   次：2021年1月第1次印刷
定 价：69.80元

产品编号：085524-01

编委会

前 言

    STEAM 教育强调对学生科学素养、技术素养、工程素养、艺术素养和数学素养 5 个方面的教育。中国近年来开始探索 STEAM 教育、创客教育等新教育模式。Micro:bit 已经成为探究创客教育新模式必备的启蒙工具。它既不是单一地学习编程，也不是单一地学习创作，而是将创作与编程有机结合，让学习者在学中玩，在玩中学。

一、Micro:bit 是什么

    Micro:bit 是一款应用广泛的开源硬件，是专为青少年编程教育设计的微型电脑板。它含有大量的项目教程资源和活动，鼓励青少年通过 Micro:bit 参与到创造性的硬件制作和软件编程中去，而不是每天沉浸在各式娱乐中。它的正面有 2 个可编程按钮和 25 个 LED 灯组成的点阵，可以显示各种图形，如心形、笑脸等。它的背面更是内容丰富，有三轴加速传感器、磁力传感器、光线传感器、温度传感器等。

二、Micro:bit 能做什么

    Micro:bit 可以实现 LED 灯组的各种显示效果，如显示各种图案、心跳效果、滚动数字和英文句子等；可以通过图形化编程结合 Micro:bit 自带的按钮、温度计、指南针、蓝牙等传感器，做出许多有趣、好玩的作品，如呼吸灯、计算器等；通过鳄鱼夹或者扩展板连接各种电子元件，还能做出有创意的作品，如水果钢琴、足球机器人等。另外，它也可以通过蓝牙模块与其他设备或互联网互联。总之，它能做什么完全取决你的想象。

三、Micro:bit 如何编程

    Micro:bit 可以通过多款软件对其实现编程，Mixly(米思奇) 就是其中的一款，它是一款图形化、模块化的编程工具。它最大的特点是通过组合指令图块，轻松实现程序的编写。利用它不但能让孩子们学习编程，而且更能激发孩子们的创造欲望，培养他们爱动脑、爱动手的能力。具体而言，它有如下优点。

♡ **图形化界面：**采用图形化界面，告别复杂的代码编程，将需要的指令拖动组合，就可以完成程序的编写，适合儿童初次学习编程时使用。

♡ **开源环境：**Mixly 是一款免费开源的编程工具，长期以来持续保持更新，功能越来越完善，也更加强大。

♡ **适用广泛：**Mixly 软件不仅适用于 Micro:bit，还适用于 Arduino、NodeMCU、Linino ONE。学习一款编程软件，可以对众多硬件进行编程。

四、学习 Micro:bit 的意义

通过 Micro:bit 创客教育，孩子们既学习了程序的编写，又掌握了创作作品的能力，拥有了一笔宝贵的"人生财富"，不仅可以提升孩子的自信心，增强成就感，而且可以培养科学探究精神，使其养成严谨踏实的良好习惯。

♡ **培养丰富的想象能力：**在每个案例制作前展开想象，让学习者处于头脑风暴的风口，通过想象驱动思维的创新，通过想象锻炼自己，提升能力。

♡ **培养勇敢的实践能力：**在案例的制作过程中，走错路、走弯路、走回头路的情况经常发生，可以说创作作品就是一个将想象付诸实践、不断试错直至成功的过程。这样孩子们在潜移默化中内心变得更加强大，能以更加平和的心态面对挫折和失败。无论哪个成长阶段，这样良好的心理状态始终是社会生存的必备技能。

♡ **培养孩子的专注力：**爱玩是每个孩子的天性，而作品的创作学习却是一个要求非常专注的过程，这对大部分低龄的孩子来说是一项很大的挑战。丰富多彩的案例可以让学生自主地沉浸在学习情境中，在无形当中提升了学生的学习专注力。

♡ **培养解决问题的能力：**编程注重知识与生活的联系，旨在培养孩子的动手能力。编程能够让孩子的想法变成现实，对孩子的创新能力、解决问题能力、动手能力有很大的帮助。

五、本书特点

本书以 Micro:bit 为载体，通过 Mixly 软件对其进行编程，创作作品。因此，学习本书时应遵循以下几点。

♡ **兴趣为先：**针对案例，结合生活实际，善于发现有趣的问题，乐于去解决问题。

♡ **循序渐进：**对于初学者，刚开始新知识可能比较多，但不要害怕，更不能急于求成。以小案例为中心，层层铺垫，再拓展应用，提高编程技巧。

♡ **举一反三：**由于篇幅有限，本书案例只是某方面的代表，我们可以用书中解决问题的方法，解决类似案例或者题目。

♡ **交流分享：**在学习的过程中，建议和小伙伴一起学习，相互交流经验和技巧，相互鼓励，攻破难题。

♡ **动手动脑：**初学者最忌讳的是"眼高手低"，对于书中案例不能只限于纸上谈兵，应该亲自动手，完成案例的制作，体验创造的快乐。

♡ **善于总结：**每次案例的制作都会有收获，在学习之后，不忘总结制作过程，厘清错误根源，为下一次创作提供借鉴。

本书适合初学或已经接触学习过编程，且对 STEAM 教育感兴趣的青少年阅读，也适合家长和老师作为指导孩子们程序设计的提升教程。为充分调动他们的学习积极性，在编写时努力体现如下特色。

♡ **案例丰富：**本书案例丰富,涉及 Micro:bit 硬件的诸多案例,内容编排合理,难度适中。每个案例都有详细的分析和制作指导，降低了学习的难度，使学习者对所学知识更加容易理解。

♡ **图文并茂：** 本书使用图片替换了大部分的文字说明，一目了然，让学习者能够轻松读懂描述的内容。具体的操作步骤图文并茂，用图文来讲解程序的编写，便于学习者边学边练。

♡ **资源丰富：** 本书配备了所有案例的源文件，为学习者自学录制了微课，从数量到内容上都有更多的选择。

六、本书结构

本书包括 8 个单元内容，案例有运用显示屏显示内容的"一闪一闪亮晶晶"、有运用按钮编程的"自制任务答题器"、有运用传感器的"楼道简易感光灯"，还有运用多个传感器的"简易红外报警器"等。从易到难，从简单到复杂，每单元 3 个案例，每个案例都是 1 个完整的作品制作过程。本书结构如下。

♡ **研究院：** 启动大脑，针对案例进行思路分析。

♡ **设计室：** 设计情节，规划制作。

♡ **材料间：** 准备好与案例相关的材料，为制作案例做准备工作。

♡ **实践区：** 编写程序，完成案例的制作。

♡ **创意园：** 通过练习，巩固学习效果。

七、本书作者

参与本书编写的作者有省级教研人员，以及具有多年教学经验的中小学信息技术教师，曾经编写并出版过多部与编程相关的书籍，有着丰富的教材编写经验。

本书由方其桂担任主编，王军和张青担任副主编。苑涛负责编写第 1 单元，张青负责编写第 2、6 单元，刘斌负责编写第 3、5 单元，王军负责编写第 4、7、8 单元。随书资源由方其桂整理制作。

虽然我们有着十多年撰写计算机图书的经验，并尽力认真构思、验证和反复审核修改，但仍难免有一些瑕疵。我们深知一本图书的好坏，需要广大读者去检验评说，在此我们衷心希望你对本书提出宝贵的意见和建议。服务电子邮箱为 wkservice@vip.163.com。

八、配套资源使用方法

本书提供了每个案例的微课，请扫描书中案例名称旁边的二维码，即可直接打开视频进行观看，或者推送到自己的邮箱中下载后进行观看。另外，本书提供教学课件和案例源文件，通过扫描右侧的二维码，然后将内容推送到自己的邮箱中，即可下载获取相应的资源。

编 者

目 录

第1单元 认识 Micro:bit 好朋友

第2单元 不一样的显示屏

第3单元 小小按钮功能大

第4单元 玩转板载传感器

第5单元 轻松玩转超声波

第6单元 红外检测真好玩

第7单元 小小舵机本领大

第8单元 扩展功能巧应用

第1单元

认识 Micro:bit 好朋友

本单元以认识 Micro:bit 为主要学习内容，带领大家了解什么是 Micro:bit，Micro:bit 能做些什么，为后面更复杂的案例制作做好铺垫。

本单元主要为大家介绍 Micro:bit 的基础知识，Micro:bit 编程环境的选择，以及如何下载程序。通过本单元的学习让大家掌握 Micro:bit 的使用方法，为后面的学习打好基础。

 本单元内容

第 1 课　初识 Micro:bit

扫一扫，看视频

　　Micro:bit 是可编程微型电脑，它身材很小，可以塞进口袋。别看它小，却很好用，能够制作出很多好玩的东西，比如可以用它弹奏音乐、制作计步器、做接果子的游戏等。今天，我们就一起来认识一下这个新朋友。

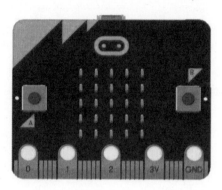

🧠 研究院

1. 初识 Micro:bit

　　Micro:bit 是一款专为青少年编程教育设计的微型电脑，如图 1–1 所示。它仅有信用卡的一半大小，其正面由 25 个 5×5 可编程 LED 组成屏幕，还有两个可编程按键 (A 和 B)，背面集成了加速度计、电子罗盘、温度计、蓝牙等电子模块。它采用 USB 接口供电，USB 接口旁边有黄色状态指示灯和复位 (Reset) 键。

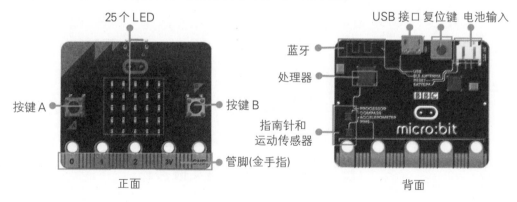

图 1–1　Micro:bit 的正面和背面

2. Micro:bit 能做什么

　　Micro:bit 拥有一系列新颖的功能，可以实现 LED 灯组的各种显示效果，如显示各种图案、心跳效果、滚动数字和英文句子等；可以通过图形化编程结合 Micro:bit 自带的按钮、温度计、指南针、蓝牙等传感器，做出许多有趣、好玩的作品，如呼吸灯、计算器等；通过鳄鱼夹或者扩展板连接各种电子元件，还能做出有创意的作品，如水果钢琴、足球机器人等，如图 1-2 所示。另外，它也可以通过蓝牙模块与其他设备或互联网相连。总之，它能做什么完全取决于你的想象。

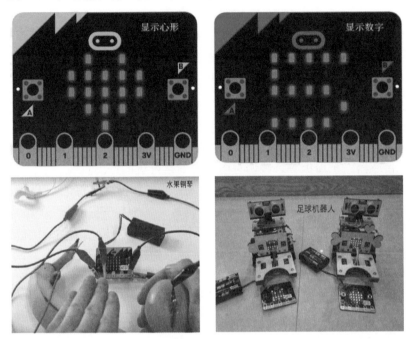

图 1-2　应用场景

3. Micro:bit 编程环境

使用 Micro:bit 制作创意作品，需要用到编程语言。听到编程小伙伴们是不是觉得很难？其实，我们试着用 Mixly 这款很棒的图形化编程软件，就没有那么难啦！

Mixly 的中文名字为米思齐，它无须安装，下载解压后直接就能使用。本书使用的是 Mixly 0.999 版本，界面如图 1-3 所示。

图 1-3　Mixly 编程平台

♡ **模块区** 提供丰富的模块供编程选择，单击模块名字，右侧会出现该类别所有的指令积木。

♡ **图形化编程区** 拖曳指令积木到此区域，搭建程序。

♡ **源代码显示区** 源代码显示区域是不能进行程序修改的。当然，你可以单击图形化编程区域上端的"代码"，进入代码编写模式。

♡ **功能菜单区** 方便新建、打开、保存程序文件，设置 COM 口，选择主板类型，显示串口监视信息和向主板上传文件等操作。

♡ **提示区** 向用户反馈信息的场所。例如，显示编译或上传是否成功，如果失败是什么原因，或者导入库是否成功等信息。

4. Micro:bit 元件

Micro:bit 内置了丰富的传感器，比如光线传感器、运动传感器、指南针等。通过使用按键、传感器、扩展板等，我们可以做出非常好玩的作品。

♡ **可单独编程 LED** 共 25 个，可以显示文本、数字和图像，每个 LED 都可以点亮或者熄灭。

♡ **可编程按钮** 正面的 2 个按键 A 和 B 属于输入按键，可以检测到按键被按下，也可以通过按键实现一些交互的功能，比如按键控制屏幕显示等。

♡ **连接管脚** Micro:bit 的下方有 25 个金手指，其中 5 个大的、20 个小的。我们可以通过鳄鱼夹线或者扩展板连接电机、LED 或其他电子元件。

♡ **光线传感器** LED 点阵除了显示功能以外，还可以用来作为光线传感器，获取环境光的强度，检测光线明暗程度。

♡ **加速度计** 用于记录运动过程中的相关数据，判断运动方向、倾角、手势等。可以用于计步器、运动手环、汽车安全等很多电子仪器上。

♡ **电子罗盘（指南针）** 用于检测地球磁场，可以当作指南针来使用，使用之前需要先校准。

♡ **蓝牙** 蓝牙可以让 Micro:bit 和电脑、手机以及平板进行无线通信。因此你可以用 Micro:bit 控制你的手机，并且用你的手机发送无线代码到你的设备上。

♡ **USB 接口** 可以通过一根 USB 线将 Micro:bit 连接至电脑，既可以给 Micro:bit 供电，又可以把程序下载到 Micro:bit 上。

🏛 实践区

我们已经认识了 Micro:bit，并了解了它的基本功能，那么我们怎么才能做出好玩的、有趣的东西呢？这需要借助编程平台来实现，通过编程就可以做出有趣的作品，下面我们就一起来学习图形化的编程平台——Mixly。

下载 Mixly 软件

打开浏览器，输入 Mixly 官方网站的网址，下载 Mixly 软件。

01 **打开 Mixly 官网**　打开浏览器，搜索后打开 Mixly 官方网站。

02 **下载 Mixly 软件**　在 Mixly 官网首页中，按图 1–4 所示操作，下载安装程序。

图 1–4　下载 Mixly软件

03 **选择软件版本**　打开浏览器，粘贴百度网盘下载链接，按图 1–5 所示操作，选择合适的版本进行下载。

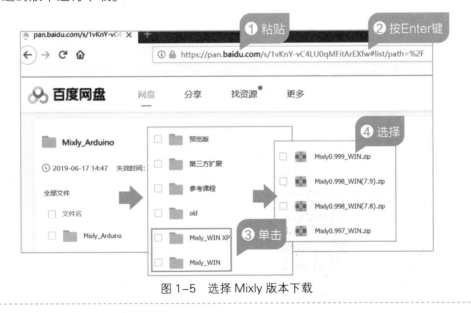

图 1–5　选择 Mixly 版本下载

安装 Mixly 软件

下载好 Mixly 软件以后，直接将下载的文件解压，找到 Mixly 的图标，双击打开，即可运行软件。

安装软件　软件下载以后，无须安装，按图 1–6 所示操作，直接解压缩就可以打开软件。

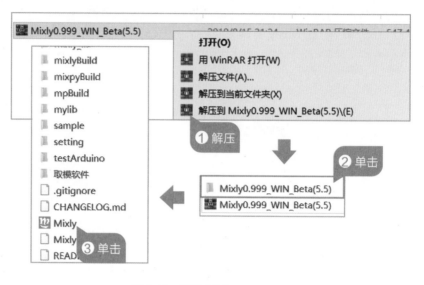

图 1–6　安装 Mixly

安装串口驱动

安装了串口驱动，才能使用 Mixly 软件进行编程，才可以将程序下载到 Micro:bit主板中。

01　**安装串口驱动**　第一次使用软件还要安装串口驱动，运行 Mixly 软件，电脑会自动检测并安装驱动程序，按图 1–7 所示操作，查看电脑是否安装串口驱动。

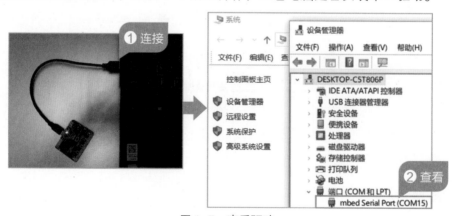

图 1–7　查看驱动

02　**下载驱动**　如果不能自动安装驱动，网上搜索 Micro:bit 串口驱动，并进行下载。

创意园

（1）除了本课提到的一些 Micro:bit 应用，Micro:bit 还可以做出很多有趣的作品，如泡泡机、智能收纳盒、手机云台等。你可以在网络上搜索一下，在表 1-1 中填写你所搜索到的其他相关应用。

表 1-1　网上搜索的结果

搜索内容	搜索结果

（2）想一想，除了本课提到的 Mixly 编程平台以外，还有其他的编程平台，如 Mind+、Makecode 等，请上网查阅资料，了解不同平台的使用方法。

第 2 课　连接硬件有方法

通过前面的学习，我们对 Micro:bit 有了初步的了解，对 Mixly 编程平台也有了基本的认识。如果想让神奇的 Micro:bit 实现不同的效果，我们就必须编写相应的程序，并把它下载到 Micro:bit 中运行。那么在编写程序之前我们需要做哪些基本的工作呢？本课我们就一起来学习 Micro:bit 和电脑的连接。

扫一扫，看视频

研究院

1. 头脑风暴

对 Micro:bit 进行编程之前，我们需要做哪些准备工作呢？想一想，Micro:bit 通过什么和电脑连接，连接好以后怎么使用 Mixly，将你思考的答案填写在表 2-1 中。

表 2-1　**问题与方案**

要思考的问题	想解决的方案
Micro:bit 怎样和电脑连接	
Mixly 怎样选择串口和主板类型	
怎样判断 Micro:bit 和电脑连接正常	

2. 思路分析

　　Micro:bit 和电脑连接需要使用 Micro USB 数据线。连接好后，通过设备管理器查看串口驱动是否正常安装，一般情况下会自动识别并且安装驱动程序，驱动安装好了以后，打开 Mixly 编程平台就可以进行编程了，如图 2-1 所示。

图 2-1　思路分析

🏛 实践区

　　Micro:bit 和电脑的连接分两步，先用数据线将 Micro:bit 和电脑通过 USB 接口连接起来，然后安装串口驱动即可。

连接电脑

　　首先使用数据线将 Micro:bit 和电脑进行连接，连接成功以后才能进行下面的工作。

01　**准备数据线**　Micro:bit 使用 Micro USB 接口的数据线，如图 2-2 所示，选择对应的 USB 数据线。

图 2-2　Micro USB 数据线

02　**连接电脑**　按图 2-3 所示操作，将 Micro USB 的宽口和电脑的 USB 接口连接，窄口和 Micro:bit 连接。

图 2-3　连接电脑

安装驱动

安装了驱动，才能使用 Mixly 软件进行编程，才可以将程序下载到 Micro:bit 主板中。

01 **使用 USB 接口**　Micro:bit 和电脑通过 USB 数据线连接成功以后，Micro:bit 就可以通过此接口和电脑进行数据传输，如图 2-4 所示。

图 2-4　USB 接口

02 **自动安装**　Micro:bit 和电脑连接好以后，电脑会自动安装驱动，驱动安装好以后，这时电脑中会自动多出一个 Micro:bit 的磁盘，如图 2-5 所示。就像插入一个 U 盘一样，代表连接成功。

03 **查看驱动**　按图 2-6 所示操作，打开"设备管理器"窗口，查看安装的串口驱动，注意在 mbed Serial Port 后面的 COM15 端口号，每台电脑是不一样的。

04 **手动安装**　如果在"设备管理器"里看不到 mbed Serial Port，说明电脑没有正确安装驱动，需要自行安装。打开浏览器，按图 2-7 所示操作，进行下载、安装驱动程序。

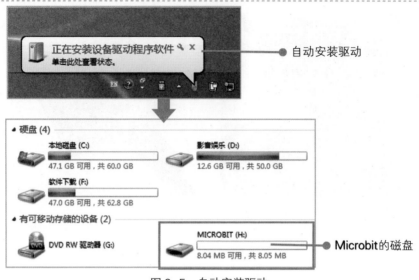

图 2-5 自动安装驱动

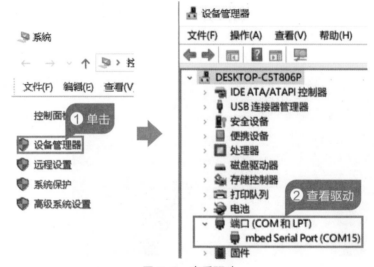

图 2-6 查看驱动

图 2-7 Micro:bit 驱动程序下载

打开 Mixly 编程平台

完成以上的准备工作以后，我们就可以打开 Mixly 编程平台进行编程了。

01　打开 Mixly　找到 Mixly 的软件包，按图 2-8 所示操作，打开 Mixly 编程平台。

图 2-8　打开 Mixly 软件

02　选择主控和端口　打开 Mixly 软件，按图 2-9 所示操作，选择主控类型为 Micro:bit 主板，端口为 COM15。注意：每台电脑的端口号是不一样的。如果连接成功，一般会自动选择端口号。

图 2-9　选择主控和端口

创意园

(1) 根据本课的案例自己准备一块 Micro:bit 和下载线，连接电脑以后，查看驱动是否正常安装，如果多出一个 Micro:bit 磁盘，说明驱动安装成功。赶紧动手试一试吧！

(2) 如图 2-10 所示，Micro:bit 通过 USB 数据线和电脑连接，但是端口没有出现或者只出现了 COM1，想想怎么解决？

没有出现端口

图 2-10　没有出现端口

第 3 课　编程其实很容易

扫一扫，看视频

　　我们已经学习了 Micro:bit 和电脑的连接方法，掌握了 Mixly 编程平台的使用方法。做好了这些准备工作，我们就可以通过编程实现一些功能。本课就来学习给 Micro:bit 进行编程，实现点亮 LED 灯。

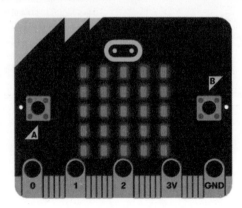

研究院

1. 头脑风暴

本例要实现点亮 LED 的功能，思考一下，Micro:bit 主板上的 LED 在什么位置？怎样点亮和熄灭 LED 呢？将你思考的答案填写在表 3-1 中。

表 3-1　**问题与方案**

要思考的问题	想解决的方案
Micro:bit 主板上的 LED 在什么位置？	
怎样点亮和熄灭 LED 呢？	

2. 思路分析

在编程前我们需要将 Micro:bit 和电脑连接，然后打开 Mixly 编程平台，就可以进行编程了，如图 3-1 所示。

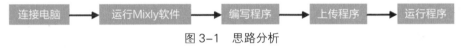

图 3-1　思路分析

3. 屏幕坐标

Micro:bit 的屏幕由 25 个 LED 组成，每个 LED 的位置由它们的坐标决定的。X 表示横坐标，从左往右，X 逐渐增大；Y 表示纵坐标，从上往下，Y 逐渐增大。屏幕左上角顶点为 (0,0)，X 轴的数值为 0~4，Y 轴的数值为 0~4，如图 3-2 所示。

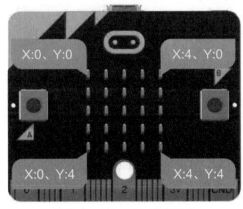

图 3-2　Micro:bit 屏幕坐标

4. Mixly 模块区

Mixly 的程序模块列表是按照功能分类的，单击功能分类，可以显示分类下的具体积木，如图 3-3 所示。

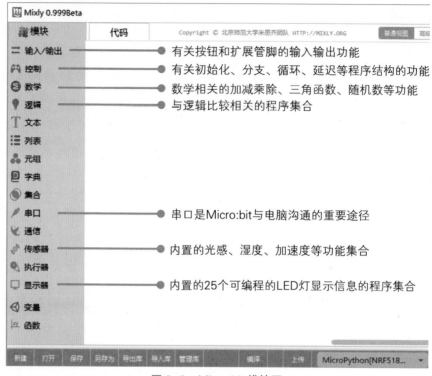

图 3-3　Micro:bit 模块区

♡　输入 / 输出　有关按钮和扩展管脚的输入输出功能。

♡　控 制　有关初始化、分支、循环、延迟等程序结构的功能。

♡　数 学　与数学相关的功能模块，比如加减乘除、三角函数、随机数等功能。

♡　逻 辑　与逻辑比较相关的程序集合，比如大小比较、真假判断等。

♡　串 口　串口是 Micro:bit 与电脑沟通的重要途径，串口中包含串口输入、读取等内容的程序模块。

♡　传感器　有关 Micro:bit 内置的光感、湿度、加速度、指南针角度的读取等功能集合。

♡　显示器　使用 Micro:bit 内置的 25 个可编程的 LED 灯显示信息的程序集合。

🏛 实践区

编写程序

　　编写一个小程序，它的功能是点亮 Micro:bit 屏幕上的 LED 灯，从而学习如何编程。

01　选择主控和端口　运行 Mixly 软件，根据主板版本，按图 3-4 所示操作，选择 Micro:bit 主板。

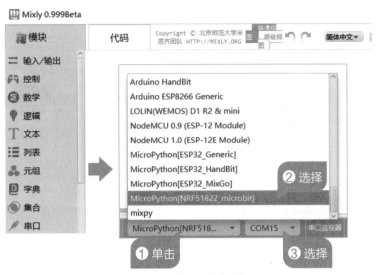

图 3-4　选择主控和端口

02 **了解显示器模块**　在模块区里面我们找到"显示器"模块，单击展开，在里面有很多的积木，我们先来一起认识一下，如图 3-5 所示。

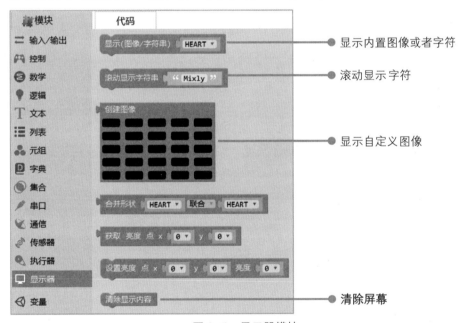

图 3-5　显示器模块

03 **拖动积木**　在 Mixly 软件的"显示器"模块中找到相应的积木，按图 3-6 所示操作，拖放到编程区域里面，并设置 LED 的坐标和亮度。

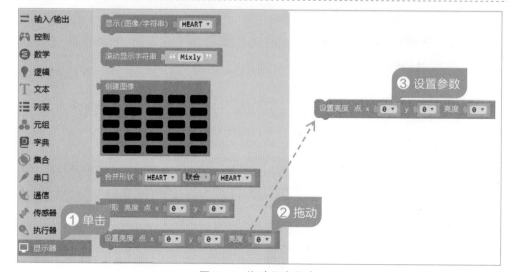

图 3-6　拖动程序积木

上传程序

　　将编写好的程序通过 USB 数据线上传到 Micro:bit 主板中，当看到提示上传成功的信息，我们就可以在 Micro:bit 的屏幕上看到效果。

01　**上传程序**　按图 3-7 所示操作，待提示区显示"上传成功"后，我们的程序就上传到 Micro:bit 里面了。

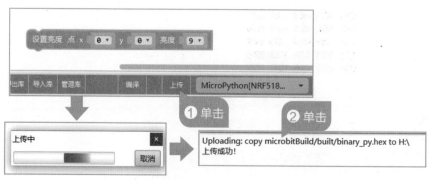

图 3-7　上传程序

02　**查看运行效果**　程序的运行效果如图 3-8 所示，点亮了坐标是 (0,0) 的 LED。如果 LED 亮了，就说明我们成功啦！如果没有亮起来，也不要着急，那就按照操作步骤检查一下哪里出问题了，相信你一定能找到原因！

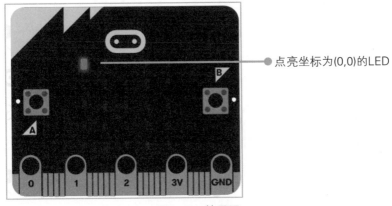

图 3-8　效果图

💡 创意园

(1) 按图 3-9 所示操作，结合本课案例，尝试使用鼠标单击的方法点亮 LED。

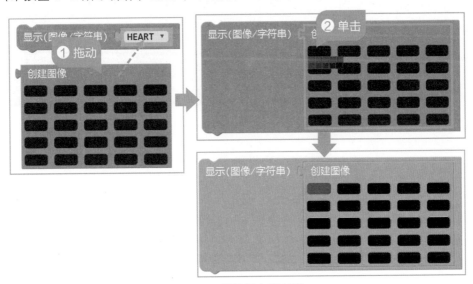

图 3-9　用鼠标点亮 LED

(2) 根据本课所学的知识，用不同的方法编写一个程序，使 25 个 LED 全部点亮，并且设置不同的亮度等级，观察 LED 的实际效果。

第 2 单元

不一样的显示屏

电视机的液晶屏、电脑的显示器、书店导购用的触摸屏等，同学们见过的电子屏很多。本单元以显示屏为主要探索内容，带领大家探究使用 Micro:bit 的显示屏输出信息的方法。

本单元设计了 3 个作品。通过设计规划、动手做一做等，探究显示屏的功能及应用，掌握运用 Mixly 软件将信息输出到显示屏上的方法，并引导读者自主编程、调试，完成案例的制作。

 本单元内容

第 4 课　一闪一闪亮晶晶

扫一扫，看视频

一闪一闪亮晶晶，满天都是小星星……当儿歌响起，你的眼前是否浮现出一幅美丽的星空画面？你会用 Micro:bit 模拟夜空中闪烁的星星吗？

 研究院

1. 头脑风暴

本例要控制 Micro:bit 显示屏上不同位置的 LED 灯轮流亮起，产生星空中星星一闪一闪的效果，思考以下问题，将你的答案填写在表 4–1 中。

表 4–1　问题与方案

要思考的问题	想解决的方案
Micro:bit 显示屏由什么组成？	
如何控制 Micro:bit 显示屏的 LED 灯？	
能让指定位置的 LED 灯亮吗？	

2. 思路分析

要在显示屏上生成星星一闪一闪的效果，可以依次指挥不同位置的 LED 灯亮起来，如图 4–1 所示。

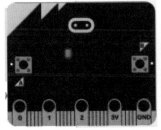

图 4–1　闪烁效果

要做出这种效果，首先要了解 Micro:bit 的显示屏，还要掌握 Mixly 软件需要使用的积木等。

♡ **说一说** 在生活中有很多电子显示屏，如图 4-2 所示。说一说除了给出的显示屏，我们还接触过什么样的显示屏？

图 4-2　各种各样的电子显示屏

♡ **认一认** Micro:bit 主板正面有 25 个 LED 灯，其坐标如图 4-3 所示，你能指出 (2,3) 表示的灯是哪一个吗？

(0,0) (1,0) (2,0) (3,0) (4,0)
(0,1) (1,1) (2,1) (3,1) (4,1)
(0,2) (1,2) (2,2) (3,2) (4,2)
(0,3) (1,3) (2,3) (3,3) (4,3)
(0,4) (1,4) (2,4) (3,4) (4,4)

主板正面　　　　　　　　LED 灯的坐标

图 4-3　LED 灯的位置与坐标

♡ **选一选** 制作此例，请选一选可能要用到的积木指令，并说说各积木指令的功能。

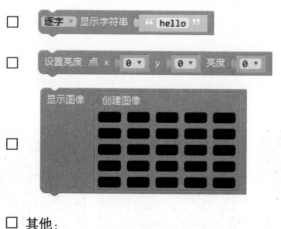

☐ 逐字 显示字符串 " hello "

☐ 设置亮度 点 x 0 y 0 亮度 0

☐ 显示图像 创建图像

☐ 其他：_____

设计室

如何"指挥"25 个 LED 灯按自己设计的要求亮起来呢？需要先认识相关的积木，并设计夜空中星星闪烁的效果图。

♡ **看一看** 按图 4-4 所示操作，选择主板"micro:bit[js]"后，查看"显示器"模块中的积木。

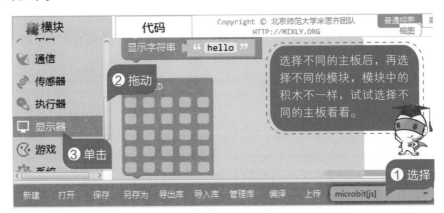

图 4-4　选择主板

♡ **试一试** 按图 4-5 所示操作，使用如下所示的积木块，尝试点亮显示屏上的 LED 灯。

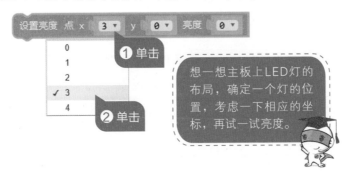

图 4-5　设置指定位置灯亮

♡ **练一练** 按图 4-6 所示操作，练习清除（熄灭）显示屏上的 LED 灯。

图 4-6　清除显示屏上的 LED 灯

♡ **画一画** 将你希望的天空中星星一闪一闪的效果画下来，看能不能用 LED 灯来模仿它。

画一画

♡ **想一想** 你考虑过用其他软件来实现这种闪烁效果吗？并记录在下面，做出本例的效果后，也用其他软件做一下，并对比效果。

想一想 _____

_____

_____

材料间

本案例比较简单，使用的材料如表 4-2 所示。赶快准备材料，一起来做一做吧！

表 4-2　制作材料清单

材料	数量	材料	数量
电脑	1 个	Micro:bit 主板	1 块
数据线	1 个		

实践区

编写程序

要想使用 Mixly 软件控制 Micro:bit 显示屏上的 LED 灯，首先要连接设备，然后使用积木编写程序。

01 连接 Micro:bit 用 USB 数据线将 Micro:bit 与电脑连接起来。

02 运行软件 双击文件夹中的 "Mixly.exe" 文件，运行 Mixly 软件。

03 选择主板 按图 4-7 所示操作，选择主板为 "Micro:bit[py]"。

图 4-7　选择主板

04 **添加积木** 按图 4-8 所示操作，将"设置亮度"积木添加到脚本中。

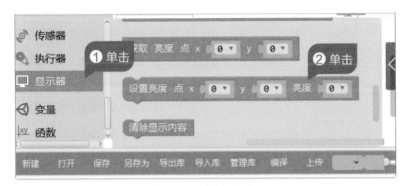

图 4-8　添加积木

05 **修改参数** 按图 4-9 所示操作，将坐标为 (2,3) 的 LED 灯设置为亮。

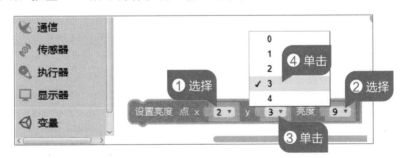

图 4-9　修改参数

06 **添加延时积木** 按图 4-10 所示操作，添加"延时"积木，并设置延时为 500 毫秒。

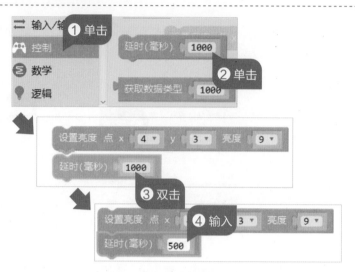

图 4-10　添加延时积木

07 **完成脚本** 依次添加积木，完成脚本，如图 4-11 所示。

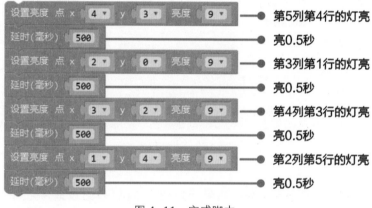

图 4-11　完成脚本

运行程序

运行程序之前首先要上传程序，如果程序不满意，可以优化修改后再运行。

01 **上传程序** 按图 4-12 所示操作，上传程序到 Micro:bit 主板中。

02 **运行程序** 运行程序后，Micro:bit 主板上的屏幕出现如图 4-13 所示的效果。

03 **优化程序** 如果要产生一闪一闪的效果，需要清除原来亮的灯，可以通过添加清除显示内容完成，脚本如图 4-14 所示。

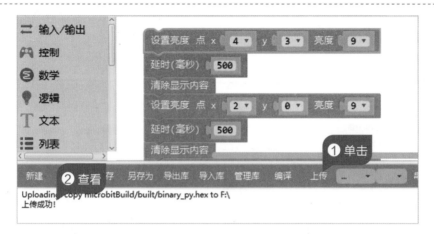

图 4-12　上传程序

图 4-13　程序运行效果

运行程序时并没有出现一闪一闪的效果，而是 4 个灯一起亮起，要实现预期效果，需要修改程序。

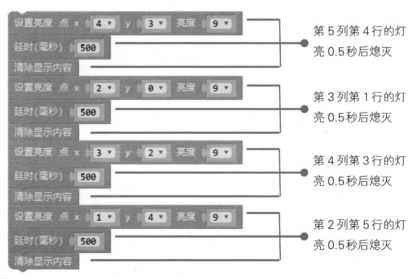

第 5 列第 4 行的灯亮 0.5 秒后熄灭

第 3 列第 1 行的灯亮 0.5 秒后熄灭

第 4 列第 3 行的灯亮 0.5 秒后熄灭

第 2 列第 5 行的灯亮 0.5 秒后熄灭

图 4-14　优化程序

04 保存程序 优化程序后，可以将文件保存到电脑中，按图 4-15 所示操作，可完成保存文件。

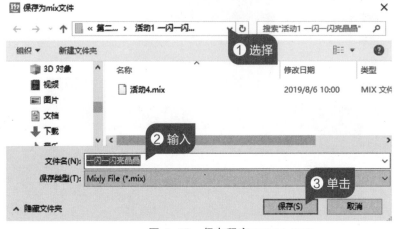

图 4-15 保存程序

📚 知识窗

1. Mixly 的模块

Mixly 的模块区共提供了 16 个模块，部分名称和功能如表 4-3 所示。使用这些模块能方便搭建脚本，编写程序。

表 4-3 Mixly 模块

工具图标	名称	功能
⇄	输入 / 输出	数字输入、输出，模拟输入、输出，中断控制等
🎮	控制	时间延迟、条件执行、循环执行、获取时间和初始化等
⊜	数学	数学运算、取整、三角函数和数字约束等
💡	逻辑	条件判断、逻辑运算等
T	文本	文本链接、文本与数字相互转化、转字符串、获取文本长度等
🖥	显示器	输出数字、字符、图案等

2. 编辑积木

在 Mixly 中可以对积木进行添加、删除、复制、移动等编辑操作，方便使用积木搭建各种脚本。

♡ 添加积木 在模块区可选择不同的积木放到图形化编程区。例如，按图 4-16 所示操作，可将"控制"模块中的"初始化"积木添加到编程区。

♡ 复制积木 在编程区有时需要多次使用一个积木，这时无须再到模块区去选择，按图 4-17 所示操作，可实现积木的复制。

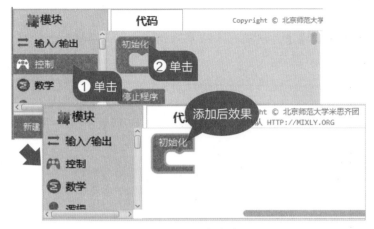

图 4-16　添加积木

图 4-17　复制积木

♡ **删除积木**　编程区不用的积木可以删除。删除积木的方法很多，可以使用如图 4-18 所示的方法删除，也可以将积木拖到模块区，或右击积木选择"删除"命令。

图 4-18　删除积木

♡ **修改积木参数**　部分放到编程区的积木有参数，这些参数可以修改，如图 4-19 所示，可在提供的列表中选择或自己输入参数。

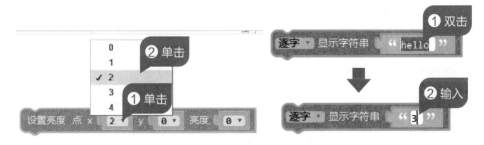

图 4-19　修改积木参数

3. 顺序结构

顺序结构的程序流程是，从第一个积木开始，由上而下按顺序执行，直到最后一个积木结束，如图 4-20 所示。

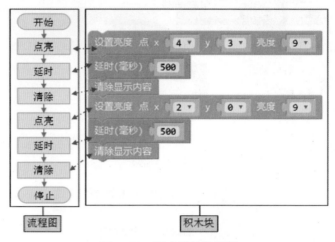

图 4-20　顺序结构流程图

创意园

(1) 阅读如图 4-21 所示的程序，先自己预计一下运行结果，再运行验证自己猜测得是否正确。

图 4-21　程序

(2) 修改本课的案例，使程序运行后的效果如图 4-22 所示，运行程序显示左图，等待 0.5 秒后显示右图。

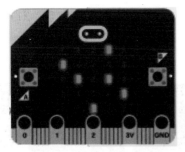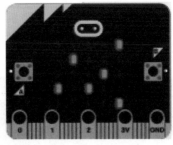

图 4-22 程序运行效果

(3) 编写程序，实现自己在"设计室"中设计的星空效果。

第 5 课 启动任务倒计时

每年的春节联欢晚会进行到零点的时候，主持人就会和观众们进行新年倒计时活动，"10、9、8、7、6、5、4、3、2、1、0"，随着一声声呐喊，荧幕前的观众也能从这一声声倒计时中体会到新的一年即将来临。使用 Micro:bit 也可以做出倒计时的效果，你想试一试吗？

扫一扫，看视频

🧠 研究院

1. 头脑风暴

本例要制作的效果是：当给一个命令时，Micro:bit 显示屏上显示倒计时"5、4、3、2、1"，请思考以下问题，并将你思考的答案填写在表 5-1 中。

表 5-1 问题与方案

要思考的问题	想解决的方案
用什么来控制倒计时的开始？	
显示数字用什么积木？	
如何控制每个数字显示的时间？	

2. 思路分析

在显示屏上产生倒计时 "5、4、3、2、1" 的效果，可以连续播放数字，效果如图 5-1 所示。

图 5-1　倒计时效果

要使用 Mixly 软件编写程序，在显示屏上显示出倒计时效果的方法有很多，可从以下几个方面开始思考。

♡ **想一想** 生活中有很多条件触发的例子，如按一下摇控器上的按钮，电视换台；再如裁判员手中的信号枪一响，运动员开始跑步。请你想一想，Micro:bit 要在满足什么触发条件下开始倒计时，写在下面方框内。

想
一
想

_____

_____

_____

♡ **选一选** 制作此例，需要采用选择结构编写程序，请选一选可能要用到的积木指令，并说说积木指令的功能。

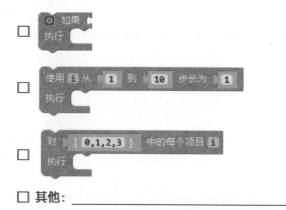

□ **其他:** _____

♡ **学一学** 使用选择结构编写程序，首先要知道选择结构的执行方式，如图 5-2 所示。

♡ **找一找** 在模块区找一找，有没有能实现在满足条件下开始倒计时的积木，并且试一试效果。

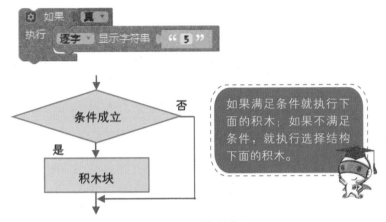

图 5-2　选择结构

♡ **认一认** 按下 Micro:bit 主板上的 A、B 两个按钮，可以开始倒计时，也可以通过触摸 Micro:bit 主板上的管脚开始倒计时，下面我们先来认一认管脚 P0，如图 5-3 所示。

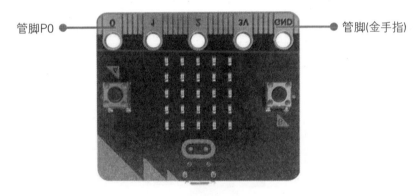

图 5-3　Micro:bit 管脚

♡ **试一试** 试试使用如图 5-4 所示的积木，看能不能在显示屏上显示数字 5，如果能显示，试着写出程序。

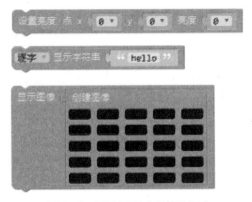

图 5-4　显示图案或字符的积木

材料间

本案例比较简单，使用的材料如表 5-2 所示。赶快准备材料，一起来做一做吧！

表 5-2　制作材料清单

材料	数量	材料	数量
电脑	1 个	Micro:bit 主板	1 块
数据线	1 个		

实践区

我们已学习了"控制"模块中的"如果……执行"积木，也试用了"显示字符串"积木，下面我们就开始来编写并运行程序吧！

编写程序

编写选择结构的程序，第一是设置判断条件，第二是根据不同的条件，选择不同的积木执行。

01 添加选择功能积木　运行 Mixly 软件，按图 5-5 所示操作，将"如果……执行"积木添加到编程区。

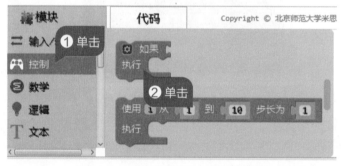

图 5-5　添加"如果……执行"积木

02 设置判断条件　按图 5-6 所示操作，设置"如果……执行"积木的条件是"用手触摸 Micro:bit 主板的管脚 P0"。

03 添加显示字符串积木　按图 5-7 所示操作，添加显示字符串所用的积木。

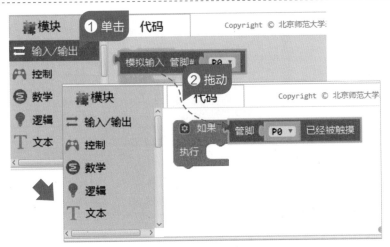

图 5-6 设置判断条件

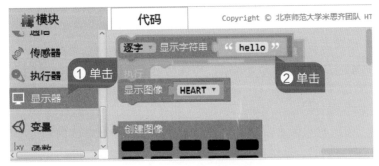

图 5-7 添加显示字符串积木

04 修改参数 按图 5-8 所示操作，将"显示字符串"积木中的参数修改为 5。

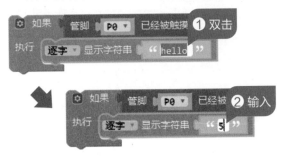

图 5-8 修改参数

05 添加其他数字字符 使用与上面同样的方法，添加其他的数字，效果如图 5-9 所示。

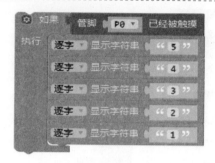

图 5-9　添加其他数字

运行程序

运行程序必须将 Micro:bit 与电脑连接起来，将电脑上编写的程序上传到 Micro:bit 中，方能运行。

01 **运行软件**　使用数据线将 Micro:bit 主板与电脑连接，运行软件。

02 **上传程序**　单击功能区的 上传 按钮，将编写好的程序上传至 Micro:bit。

03 **运行程序**　上传程序成功后，双手分别按住 Micro:bit 主板上的 P0 与 GND，看是否能实现数字倒计时。

04 **优化程序**　运行结果并不是预期的倒计时效果，5 个数字的时间间隔太短，我们可以通过添加"延时"积木来调整数字出场的时间，效果如图 5-10 所示。

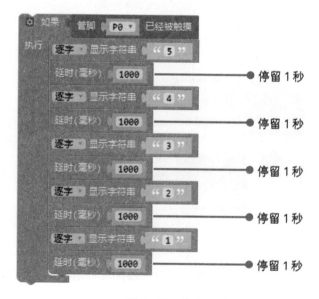

图 5-10　优化程序

05 **保存程序**　单击"保存"按钮，在"保存为 mix 文件"对话框中将文件保存。

知识窗

1. 单分支选择结构

"如果……执行"积木是单分支条件语句，可以设置条件判断，以便对符合条件的语句进行操作。运行程序时，如果条件为真，就执行"如果……执行"内的积木；如果为假就退出，如图 5-11 所示。

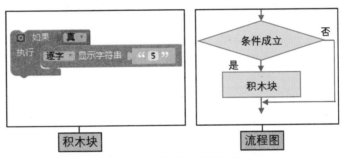

图 5-11　单分支选择结构

2. 双分支选择结构

Milxy 软件的"控制"模块中没有给出双分支选择结构的积木，但使用单分支的"如果……执行"积木可以设置成双分支选择结构，双分支选择结构的执行方式与单分支相似。

♡　**切换成双分支选择结构**　按图 5-12 所示操作，可以将单分支的"如果……执行"积木变成"如果……执行……否则"。

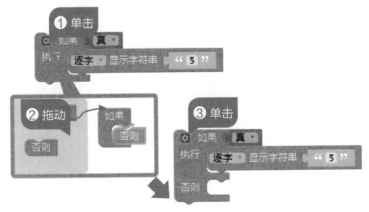

图 5-12　切换成双分支选择结构

♡　**双分支选择结构流程图**　用双分支选择结构编写程序，可以考虑的情况更多，执行方式如图 5-13 所示。

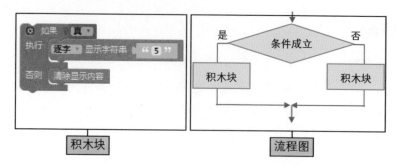

图 5-13 双分支选择结构与流程图

创意园

(1) 在编程区添加如图 5-14 所示的积木，并上传到 Micro:bit 主板上，运行后查看效果。

图 5-14 添加的积木

(2) 尝试修改触发倒计时的条件，看看能不能执行，如图 5-15 所示。

图 5-15 修改触发条件

(3) 编写程序，在 Micro:bit 主板的显示屏上滚动显示"Hello Micro:bit"。

第 6 课　怦然心动显心跳

Micro:bit 的显示屏虽然不能像电视或电脑一样播放动画片，但它能播放简单的图案，并且产生动画效果，如制作心脏跳动的动画效果，你想试试吗？

扫一扫，看视频

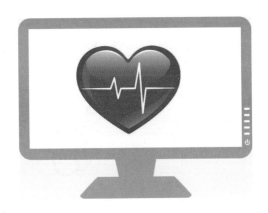

 研究院

1. 头脑风暴

本例要制作心跳的效果，有很多问题需要思考，请将你思考的答案填写在表 6-1 中。

表 6-1　问题与方案

要思考的问题	想解决的方案
用什么方法显示心形图案？	
如何形成心跳效果？	
怎样让心跳效果循环播放？	

2. 思路分析

根据动画的原理，通过连续播放一系列画面，给视觉造成连续变化的感觉。如果要产生心跳的动画效果，可以反复播放 2 个图案，如图 6-1 所示。

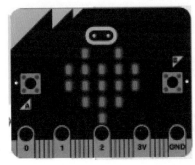 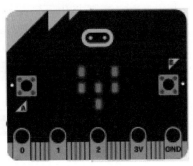

图 6-1　心跳的效果

要使用 Mixly 软件编写程序，在显示屏上显示心跳的效果，可以先从以下几个方面进行思考。

♡　**想一想**　你有没有看过十字绣？如图 6-2 所示，精美的十字绣图案其实是由不同颜色的点组成。想一想，在 Micro:bit 的显示屏上显示图案应该怎么做？

图 6-2　十字绣图案

♡　**试一试**　在模块区选择显示器，试一试下列 3 个积木，能不能显示一个简单的正方形图案。

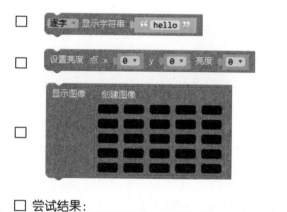

□　尝试结果：＿＿＿＿＿＿＿＿＿＿＿＿＿＿＿＿＿＿＿＿＿＿

♡　**选一选**　制作此例，需要采用循环结构实现心一直跳动的效果，请选一选可能要用到的积木指令，并说说各积木指令的功能。

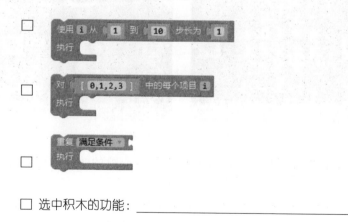

□　选中积木的功能：＿＿＿＿＿＿＿＿＿＿＿＿＿＿＿＿＿＿＿

♡　做一做　上一课学习了倒计时，请将倒计时的脚本添加到"重复……执行"积木中，并设置循环执行需要的条件，如图 6-3 所示。运行程序，查看效果。

图 6-3　倒计时脚本

♡　画一画　除了制作跳动的心，你还想制作什么样的动画效果，请先将图案画在下面的框中。

画一画

📖 材料间

本案例比较简单，使用的材料如表 6-2 所示。赶快准备材料，一起来做一做吧！

表 6-2　制作材料清单

材料	数量	材料	数量
电脑	1 个	Micro:bit 主板	1 块
数据线	1 个		

🏛 实践区

要制作"心跳"效果的动画，可以连续播放两个心形的图案"大心形、小心形、大心形、小心形……"，如果使用程序实现这种效果，只需要用"大心形、小心形"两个图案，外面套层循环即可。

显示图形

数字的显示可以使用"显示字符串"积木,图案的显示可以使用"显示图像""创建图像"积木组合来实现。

01 运行软件 用 USB 数据线把主板和电脑连接起来,运行软件,并选择主板。

02 添加显示图像积木 按图 6-4 所示操作,添加"显示图像"积木。

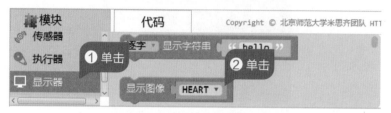

图 6-4 添加"显示图像"积木

03 添加创建图像积木 按图 6-5 所示操作,添加"创建图像"积木。

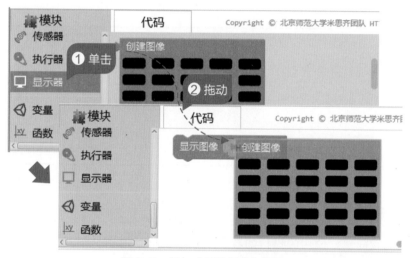

图 6-5 添加"创建图像"积木

04 创建大的心形图案 按图 6-6 所示操作,一个灯一个灯地设置,创建大的心形图案。

图 6-6 创建大的心形图案

05 创建小的心形图案 使用与上面同样的方法,创建小的心形图案,效果如图6-7所示。

图 6-7　创建小的心形图案

循环播放

使用"重复执行"积木,可以将一段脚本反复执行,减少编程量,使程序可读性更强。

01 添加"重复……执行"积木 按图6-8所示操作,添加"重复……执行"积木。

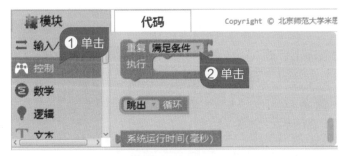

图 6-8　添加积木

02 设置循环条件 按图6-9所示操作,设置循环的条件为"真",意思为条件成立一直执行循环体。

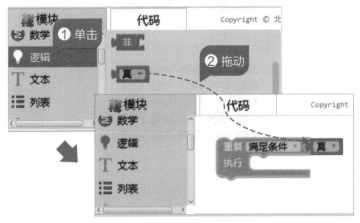

图 6-9　设置循环条件

03 添加循环体 将前面2个心形图像添加到"重复……执行"积木中,如图6-10所示。

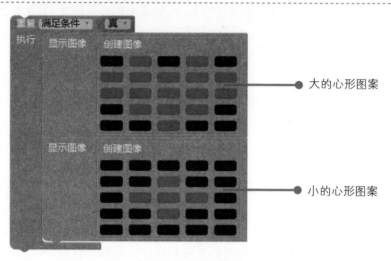

图 6-10　添加循环体

04　运行程序　将程序上传到 Micro:bit，并且运行程序，查看效果。

05　优化程序　运行的结果发现，时间间隔影响图像的显示效果，可以通过添加 2 个"延时"积木优化程序，如图 6-11 所示。

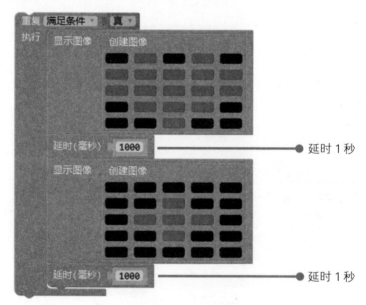

图 6-11　优化程序

06　保存程序　单击"保存"按钮，将文件保存。

知识窗

1. "重复……执行"积木

用"重复……执行"积木可以实现循环语句，可以设置条件判断，以便对符合条件的语句进行操作。运行程序时，根据条件决定下一步怎么做，如图 6-12 所示。

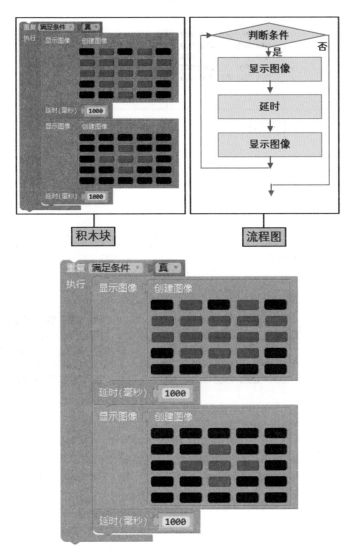

图 6-12　"重复……执行"循环积木与流程图

2. "使用 i 从……到……，步长为……"积木

用"使用 i 从……到……，步长为……"积木，可以实现循环语句，可以设置循环次数，以便对符合条件的语句进行操作。运行程序时，判断循环变量的变化情况，决定下一步怎么做，如图 6-13 所示。

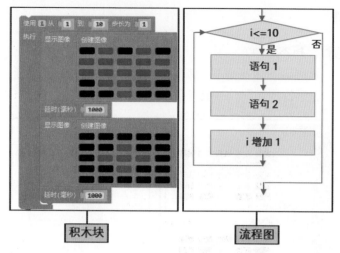

图 6-13　"使用 i 从……到……，步长为……"积木与流程图

💡 创意园

(1) 运行 Mixly 软件，在图形化编程区添加如图 6-14 所示的积木，并上传到 Micro:bit，运行程序查看效果。

图 6-14　添加积木

(2) 本案例的程序在运行时一直循环播放大、小心形图案，产生"心动"效果。修改程序，实现当按下"按钮 A"时开始播放"心动"图案。

(3) 编写程序，实现心形图案由大变小，再由小变大的效果。

第 3 单元

小小按钮功能大

天热时，我们可以通过按钮打开空调；天黑时，我们可以通过按钮打开电灯；无聊时，我们还可以通过按钮打开电视。也许你从未想过，按钮是一个神奇的存在，按下去就会发生改变。

本单元以按钮为主题，选择大家熟悉的内容作为案例的主要内容，设计了 3 个作品。通过设计规划、动手做一做等，探究按钮的功能及应用，掌握运用 Mixly 软件，自主编程、调试，完成案例的制作。

 **本单元内容**

第 7 课　自制任务答题器

第 8 课　创意电子计数器

第 9 课　汽车喇叭创意品

第 7 课　自制任务答题器

扫一扫，看视频

你玩过知识问答游戏吗？当主持人出题时，你可以通过面前的按钮来选择答案，你选择的结果将显示在显示屏上，可以一人回答问题，也可以多人抢答问题，这就是答题器。让我们一起动手，设计制作一个简易的答题器吧！

答题按钮　　　　　　　　　　答题按钮

显示屏

研究院

1. 头脑风暴

本例要实现答题器的功能，让大家及时答题互动。思考一下，Micro:bit 主板上谁能充当答题按钮的角色？ Micro:bit 主板上谁能显示答题的结果呢？将你思考的答案填写在表 7-1 中。

表 7-1　**问题与方案**

要思考的问题	想解决的方案
Micro:bit 主板上谁充当答题按钮的角色？	
Micro:bit 主板上谁来显示答题的结果呢？	

2. 思路分析

为了实现答题器的功能，需要用到 Micro:bit 主板上的 A、B 按钮。在程序的控制下，如果认为题目正确，则按下按钮 A，LED 屏幕会显示"√"图标；如果认为题目错误，则按下按钮 B，LED 屏幕会显示"×"图标，其工作流程如图 7-1 所示。

同学们的想法很多，可以为答题器设计和制作一个保护外壳，用纸板制作作品模型，用 Mixly 软件编写、上传程序，完成答题功能。

♡　说一说　Micro:bit 主板上的 A、B 按钮已经完成了判断正误的功能，在不影响这两个功能的前提下，还可不可以再利用 Micro:bit 主板上的 A、B 按钮设计一个答题结束的功能呢？说说你的想法。

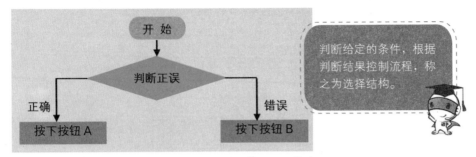

图 7-1　自制任务答题器工作流程

♡　**选一选**　制作此例，需要采用选择结构编写程序，请选一选可能要用到的积木指令，并说说各积木指令的功能。

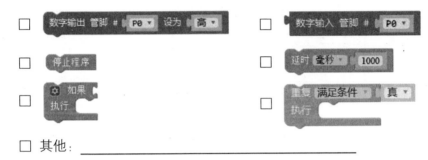

□　其他：_____

设计室

1. 线路规划

大家在使用 Micro:bit 主板时，不能每次总连着电脑才能工作吧，其实 Micro:bit 主板是可以外接电源的。将两节 7 号电池安装到带开关的电池盒中，然后把 Micro:bit 主板与电池盒相连，如图 7-2 所示。

2. 外观设计

答题器是使用 Micro:bit 主板上的 A、B 按钮进行答题，用 LED 屏幕显示选择的结果。答题器的外观样式有很多，你打算将自己的答题器设计成什么样呢？准备用哪些再生材料来制作外形呢？

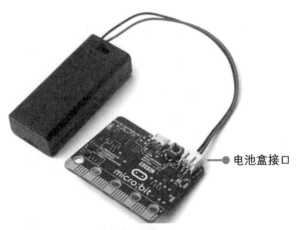

图 7-2　答题器线路规划

♡　**画一画**　对于答题器的外观设计，你有什么样的构思，请画出来。

画
一
画

♡　**想一想** 你考虑过在 Micro:bit 主板上外接按钮传感器来设计答题器吗？

材料间

1. 制作工具

剪刀、胶枪、彩笔、美工刀、铅笔。

2. 材料清单

本案例使用多种材料制作完成，具体内容如表 7-2 所示。赶快准备材料，一起来做一做吧！

表 7-2　**制作材料清单**

材料	数量	材料	数量
Micro:bit 主板	1 个	Micro:bit 电池盒	1 个
7 号电池	2 节	USB 数据线	1 根
1mm 纸板	2 张		

实践区

使用按钮

按钮又叫按键，它是智能设备的重要输出方式。利用 Micro:bit 主板上的 A、B 按钮，可以与主板进行互动交流。

01　**认识按钮**　按钮是一种常用的控制电器元件，常用来接通和断开控制电路，可以达到控制电动机或其他电气设备运行的目的。生活中常见的各种形式的按钮如图 7-3 所示。

平钮　　　　　　旋钮　　　　　　紧急钮

图 7-3　各种形式的按钮

02 选择按钮指令　在 Mixly 编程环境中，"按钮"指令位于"传感器"模块中，该指令返回的是布尔型的值，在按钮被按下的瞬间触发，它只会被执行一次，如图 7-4 所示。

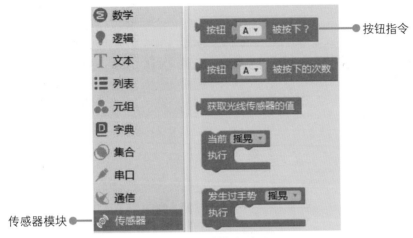

图 7-4　按钮指令

编写程序

使用选择结构编写程序，通过按钮触发，判断试题正误，实现人机互动。

01 初始设置　运行 Mixly 软件，初始化 LED 屏幕显示，完成程序初始化操作，如图 7-5 所示。

图 7-5　初始设置

02 添加按钮 A 程序　用选择结构和循环结构编写程序，如果按下按钮 A，LED 屏幕会显示"√"图标 5 秒后，清空屏幕，如图 7-6 所示。

03 完成按钮 B 程序　使用同样的方法，完成按钮 B 的程序，如图 7-7 所示。

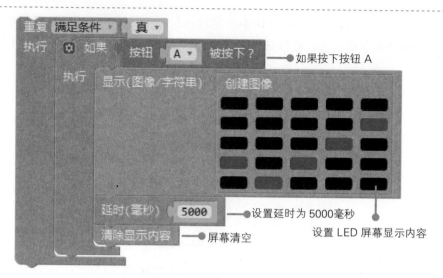

图 7-6 添加按钮 A 程序

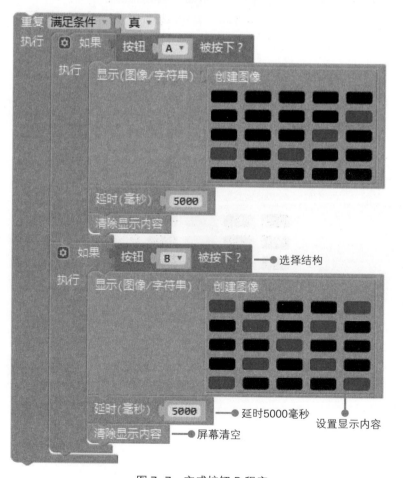

图 7-7 完成按钮 B 程序

04 调试程序　将 Micro:bit 主板通过 USB 数据线与电脑相连，把编写好的程序上传到主板上，按下 A 和 B 按钮，测试并调试程序。

制作外观装饰

使用 1mm 厚的纸板，制作答题器的外观，将 Micro:bit 主板固定在答题器的外观上。

01 设计外观　拿出稿纸，设计作品外观，在纸上绘制出答题器的外观结构，效果如图 7-8 所示。

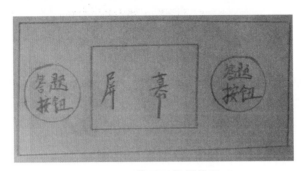

图 7-8　答题器规划草图

02 外观制作　用剪刀在纸板上钻出适合安放主板按钮和显示屏大小的洞，再剪出外观的其他部分，效果如图 7-9 所示。

图 7-9　外观制作

03 固定主板　将 Micro:bit 主板上的按钮和显示屏插入洞中，并用热胶枪将其固定，再用热胶枪和胶布固定外观的其他部分，效果如图 7-10 所示。

图 7-10　固定主板

04 测试案例　将 Micro:bit 主板与电池盒相连，程序启动后，按下 Micro:bit 主板上的 A 和 B 按钮，测试案例效果。

创意园

1. 编写程序

尝试编写一个选择题答题程序。如果认为题目答案是 A 选项，则按下 Micro:bit 主板上的按钮 A，LED 屏幕会显示 A 图标；如果认为题目答案是 B 选项，则按下按钮 B，LED 屏幕会显示 B 图标；如果认为题目答案是 C 选项，则按下按钮 A+B，LED 屏幕会显示 C 图标。

2. 创意设计

亲爱的小创客们，相信你一定学会了答题器的制作了！在此基础上，你能设计出一个两人抢答器吗？抢答器有一个特点，当一方抢答成功后，另一方抢答按钮失效。展开想象的翅膀，发挥创意的潜能，赶快来动手试一试吧！

第 8 课　创意电子计数器

上体育课时，我们常常需要对一些体育项目进行计数，如仰卧起坐、引体向上等，口头计数容易犯错，这时我们就需要一个电子计数器。每完成一次动作，就按下按钮计数一次。本课就让我们一起来动手设计和制作一个简易的电子计数器吧！

扫一扫，看视频

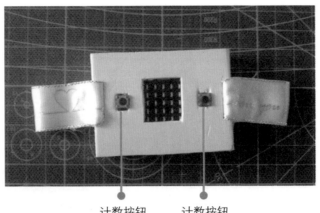

计数按钮 计数按钮

研究院

1. 头脑风暴

本例要实现电子计数器的功能，每当按下一次按钮时，电子计数器就会计数一次。思考一下，电子计数器在日常生活中有哪些应用呢？在制作的过程中，计数值显示在什么地方呢？将你思考的答案填写在表 8-1 中。

表 8-1 **问题与方案**

要思考的问题	想解决的方案
电子计数器在日常生活中有哪些应用？	
在制作的过程中，计数值显示在什么地方呢？	

2. 思路分析

为了实现电子计数器的功能，需要用到 Micro:bit 主板上的 A、B 按钮。在程序的控制下，如果按下按钮 A，计数值会自增；如果按下按钮 B，计数值会自减；如果同时按下按钮 A 和 B，计数值清零。计数值会显示在 Micro:bit 主板的 LED 屏幕上，其工作流程如图 8-1 所示。

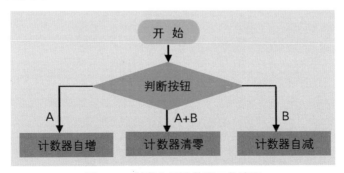

图 8-1 创意电子计数器工作流程

　　本例使用了 PVC 雪弗板和彩色丝带来制作作品外观，用 Mixly 软件编写并上传程序，完成作品功能。

♡　**说一说**　本例使用 Micro:bit 主板上的 B 按钮完成电子计数器的自减功能，在自减的过程中，可不可以出现小于 0 的情况呢？如果不可以，如何避免发生这种错误，说说你的想法。

♡　**选一选**　制作此例，需要采用选择结构编写程序，请选一选可能要用到的积木指令，并说说各积木指令的功能。

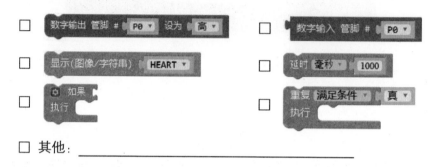

□　其他：＿＿＿＿＿＿＿＿＿＿＿＿＿＿＿＿＿＿＿＿＿＿＿＿＿＿＿＿＿＿

🌐 设计室

1. 线路规划

　　本案例运用 Micro:bit 主板上的 A、B 按钮，使用时将电池盒与 Micro:bit 主板上的电池盒接口相连，打开电池盒上的电源开关给主板供电使其正常工作。

2. 外观设计

　　电子计数器是使用 Micro:bit 主板上的 A、B 按钮进行计数，用 LED 屏幕显示计数值。电子计数器的外观样式有很多，你打算将自己的电子计数器设计成什么样呢？准备用哪些再生材料来制作外形呢？

♡　**画一画**　对于电子计数器的外观设计，你有什么样的构思，请画出来。

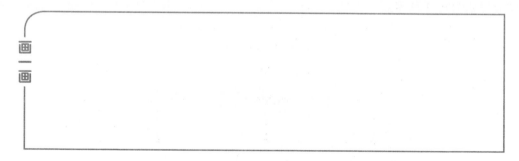

♡　**想一想**　你考虑过用其他传感器来代替按钮设计计数器吗？

材料间

1. 制作工具

剪刀、胶枪、彩笔、美工刀、铅笔。

2. 材料清单

本案例使用了多种材料制作完成，具体内容如表 8-2 所示。赶快准备材料，一起来做一做吧！

表 8-2　制作材料清单

材料	数量	材料	数量
Micro:bit 主板	1 个	彩色丝带	1 条
Micro:bit 电池盒	1 个	3mmPVC 雪弗板	1 张
Micro:bit USB 数据线	1 根		

实践区

编写程序

使用选择结构和循环结构编写程序，通过主板上的按钮触发，使电子计数器计数，将计数值显示在 LED 屏幕上，完成作品功能。

01　初始设置　运行 Mixly 软件，初始化 LED 屏幕显示并声明变量 Counter，将这个变量的初始值设定为 0，完成程序初始化操作，如图 8-2 所示。

图 8-2　初始设置

02　添加按钮 A 程序　用选择结构和循环结构编写程序，如果按下按钮 A，变量 Counter 的值会增加 1，完成按钮 A 的程序，使每按一下按钮 A，计数值都会增加 1，如图 8-3 所示。

03　添加按钮 B 程序　使用同样的方法，完成按钮 B 的程序，使每按一下按钮 B，计数值都会减少 1，如图 8-4 所示。

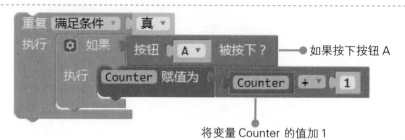

图 8-3　添加按钮 A 程序

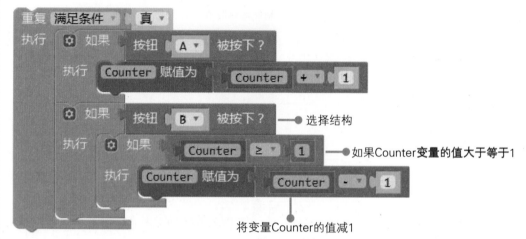

图 8-4　添加按钮 B 程序

04 添加按钮 A+B 程序　同理，完成按钮 A+B 的程序，使同时按下按钮 A+B，计数值将会被清零，如图 8-5 所示。

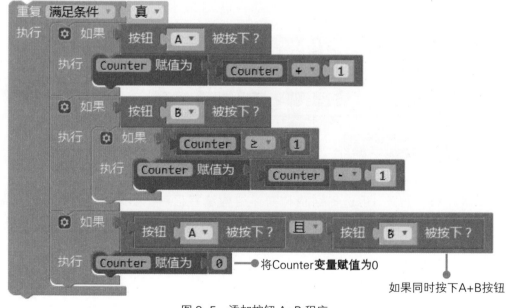

图 8-5　添加按钮 A+B 程序

05 设置屏幕显示程序　使用循环结构编写程序，使 Micro:bit 主板上的 LED 屏幕显示 Counter 变量的值，如图 8-6 所示。

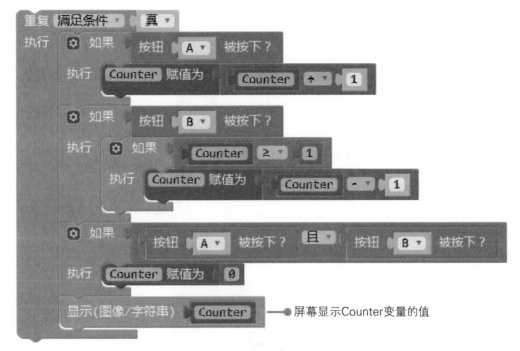

图 8-6　设置屏幕显示程序

06 上传和调试程序　将 Micro:bit 主板通过 USB 数据线与电脑相连，把编写好的程序上传到主板上，按下 A 和 B 按钮，测试并调试程序。

制作外观装饰

使用 3mm 厚的 PVC 雪弗板和彩色丝带，制作电子计数器的外观，将 Micro:bit 主板固定在电子计数器的外观上。

01 设计外观　拿出稿纸，设计作品外观，在纸上绘制出电子计数器的外观结构，效果如图 8-7 所示。

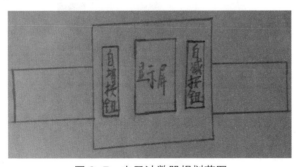

图 8-7　电子计数器规划草图

02 外观制作 用剪刀剪出一根长 22cm、宽 3cm 的彩色丝带，然后用美工刀在 PVC 雪弗板上钻出适合安放主板按钮、显示屏以及丝带大小的洞，最后用工具制作出外观的其他部分，效果如图 8-8 所示。

图 8-8　外观制作

03 固定主板 将主板上的按钮和显示屏插入洞中，并用热胶枪将其固定，效果如图 8-9 所示。

图 8-9　固定主板

04 固定其他模块 将丝带从 PVC 雪弗板的洞中穿出，用热胶枪固定，再去固定作品的其他部分，效果如图 8-10 所示。

图 8-10　固定其他模块

05 测试案例 连接 Micro:bit 主板与电池盒，程序启动后，按下 Micro:bit 主板上的 A 和 B 按钮，测试案例效果。

💡 创意园

1. 编写程序

尝试编写一个计时器程序。当按下按钮 A 时，开始计时；当按下按钮 B 时，计时结束；当同时按下按钮 A 和 B 时，计时清零。

2. 创意设计

如果以上任务你已经完成了，能自己去设计制作一个投票计数器吗？假设有两位选手——方小舟和刘小豆，当按下按钮 A 时，方小周的得票数加 1；当按下按钮 B 时，刘小豆的得票数加 1；当同时按下按钮 A 和 B 时，Micro:bit 主板上的 LED 屏幕显示票数高的选手姓氏拼音的大写首字母。展开想象的翅膀，发挥创意的潜能，赶快来动手试一试吧！

第 9 课　汽车喇叭创意品

汽车喇叭是汽车的音响信号装置。在汽车的行驶过程中，通过驾驶员按下喇叭按钮使汽车喇叭发出声音，从而引起行人和其他车辆注意，促进行车安全。本课我们一起动手设计和制作一个简易的汽车喇叭吧！

扫一扫，看视频

汽车喇叭 ●

● 喇叭按钮

● 喇叭按钮

🧠 研究院

1. 头脑风暴

本例要实现汽车喇叭的功能，只要按下喇叭按钮，汽车喇叭就能发出声音，其发出的声音信号可以用来警示行人和其他车辆注意交通安全。思考一下，在制作过程中，Micro:bit 主板上谁来充当喇叭按钮的角色呢？用什么样的电子设备来充当汽车喇叭的角色呢？将你思考的答案填写在表 9-1 中。

表 9-1　问题与方案

要思考的问题	想解决的方案
Micro:bit 主板上谁充当喇叭按钮的角色？	
用什么样的电子设备来充当汽车喇叭的角色呢？	

2. 思路分析

为了完成汽车喇叭的功能，需要用到有源蜂鸣器和 Micro:bit 主板上的 A、B 按钮。在程序的控制下，如果按下按钮 A，汽车喇叭（有源蜂鸣器）会发出声音。如果按下按钮 B，汽车喇叭（有源蜂鸣器）会连续发声，其工作流程如图 9-1 所示。

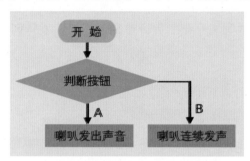

图 9-1　汽车喇叭创意品工作流程

制作汽车喇叭的创意有很多，可以用 Micro:bit 主板上的 A、B 按钮来代替汽车喇叭按钮，发声设备用有源蜂鸣器，用纸板制作作品的外观，用 Mixly 软件编写、上传程序，完成作品的功能。

♡　说一说　要实现汽车喇叭连续发声的功能，我们在程序设计中可以选用什么样的程序结构来实现呢？说说你的想法。

♡　选一选　制作此例，需要编写程序，请选一选可能要用到的积木指令，并说说各积木指令的功能。

□ 其他：_____

🌐 设计室

1. 线路规划

将有源蜂鸣器的管脚"+"通过鳄鱼夹接在 Micro:bit 主板的 0 号管脚上，将有源蜂鸣器的管脚"-"接在 Micro:bit 主板的 GND 管脚上，通过控制管脚 0 输出高电平，使有源蜂鸣器发出声音，如图 9-2 所示。

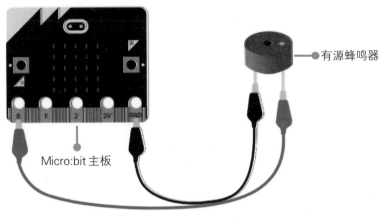

图 9-2　汽车喇叭线路规划

2. 外观设计

　　用 Micro:bit 主板上的 A、B 按钮充当喇叭按钮，当按下不同的按钮，有源蜂鸣器会发出相应的声音，主板上的 LED 屏幕也会显示相应的图标。汽车喇叭的外观样式有很多，你打算将自己的汽车喇叭设计成什么样呢？准备用哪些再生材料来制作外形呢？

♡　**画一画**　对于汽车喇叭的外观设计，你有什么样的构思，请画出来。

♡　**想一想**　本案例是使用有源蜂鸣器来代替汽车喇叭发出声音的，你考虑过还可以使用哪些其他电子设备来代替吗？

材料间

1. 制作工具

　　剪刀、胶枪、彩笔、美工刀、铅笔。

2. 材料清单

　　本案例使用多种材料制作完成，具体内容如表 9-2 所示。赶快准备材料，一起来做一做吧！

表 9-2　制作材料清单

材料	数量	材料	数量
Micro:bit 主板	1 个	有源蜂鸣器	1 个
Micro:bit 电池盒	1 个	1mm 纸板	4 张
USB 数据线	1 根	鳄鱼夹	2 根

🏛 实践区

使用蜂鸣器

蜂鸣器是一种一体化结构的电子讯响器。使用 Micro:bit 主板上的 A、B 按钮，可以使其发出声音，完成汽车喇叭的功能。

01　认识蜂鸣器　蜂鸣器广泛应用于报警器、定时器等电子产品中作为发声器件，分为有源蜂鸣器和无源蜂鸣器。其区别在于，有源蜂鸣器内部带震荡源并且有正负极和长短管脚之分，而无源蜂鸣器则没有这些区别，如图 9-3 所示。

有源蜂鸣器　　　　　无源蜂鸣器

图 9-3　认识蜂鸣器

02　认识数字输出指令　要想使有源蜂鸣器发出声音，可以选择数字输出指令。在 Mixly 编程环境中，该指令位于"输入 / 输出"模块中，如图 9-4 所示，只能输出数字信号。当输出"高"电平时，有源蜂鸣器发出声音；输出"低"电平时，有源蜂鸣器停止发声。

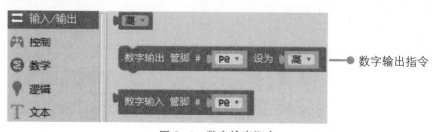

图 9-4　数字输出指令

编写程序

使用选择结构编写程序,通过Micro:bit主板上的按钮触发,使有源蜂鸣器发出声音,完成汽车喇叭的功能。

01 **初始设置**　运行 Mixly 软件,初始化 LED 屏幕显示并声明变量 i,完成程序初始化操作,如图 9-5 所示。

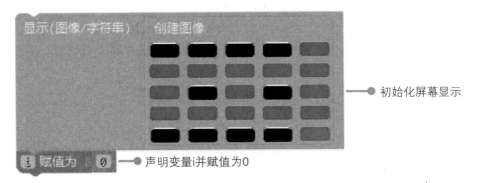

图 9-5　初始设置

02 **添加按钮 A 程序**　用选择结构和循环结构编写程序,如果按下按钮 A,有源蜂鸣器会发出声音,LED 屏幕会显示喇叭发声图标,2 秒后声音停止并清空屏幕,如图 9-6 所示。

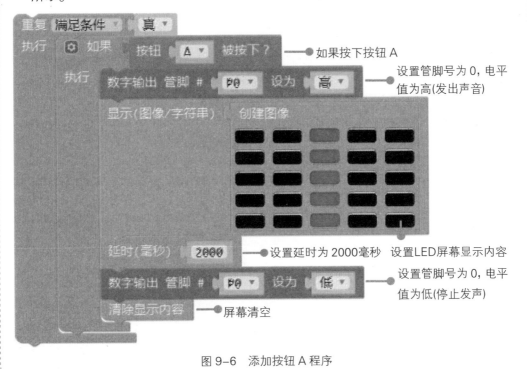

图 9-6　添加按钮 A 程序

03 完成按钮 B 程序 参照按钮 A 的程序，使用循环结构，让有源蜂鸣器连续发声 3 次，完成按钮 B 的程序，如图 9-7 所示。

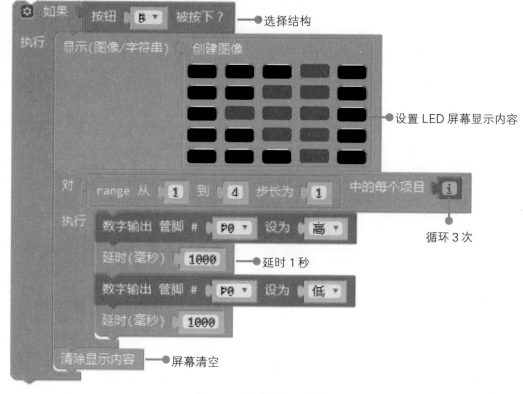

图 9-7　完成按钮 B 程序

04 上传调试程序 将 Micro:bit 主板通过 USB 数据线与电脑相连，把编写好的程序上传到主板上，按下 A 和 B 按钮，测试并调试程序。

制作外观装饰

使用 1mm 厚的纸板，制作案例的外观，将有源蜂鸣器固定在外观上。

01 设计外观 拿出稿纸，设计作品外观，在纸上绘制出汽车喇叭的外观结构，效果如图 9-8 所示。

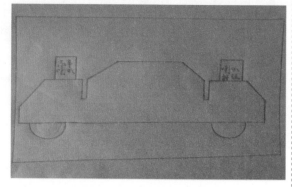

图 9-8　汽车喇叭规划草图

02　外观制作　用剪刀在纸板上钻出适合安放有源蜂鸣器大小的洞，再剪出外观的其他部分，效果如图 9-9 所示。

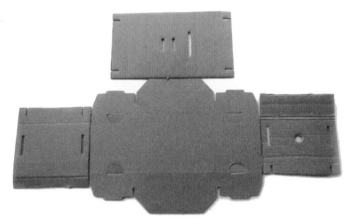

图 9-9　外观制作

03　固定蜂鸣器和主板　将有源蜂鸣器插入洞中，使用热胶枪将其固定，使用鳄鱼夹将蜂鸣器与 Micro:bit 主板相连并安装在作品中，最后使用热胶枪和胶布固定外观的其他部分，完成作品，效果如图 9-10 所示。

图 9-10　固定蜂鸣器与主板

04　测试案例　将 Micro:bit 主板与电池盒相连，程序启动后，按下 Micro:bit 主板上的 A 和 B 按钮，测试案例效果。

创意园

1. 实践体验

　　本例使用了有源蜂鸣器作为汽车喇叭的音响设备，如果用无源蜂鸣器来代替，汽车喇叭还能够正常工作吗？如果不可以，这是为什么呢？请大家动手做一做，验证一下自己的判断吧！

2. 创意设计

亲爱的小创客们，相信你一定学会了汽车喇叭的制作了！在此基础上，你能设计制作出一个倒计时报警器吗？倒计时器有定时提醒的功能，假如设定倒计时时间为 10 秒，当按下按钮 A 时，进入倒计时状态，倒计时的时间在 LED 屏幕上显示；当时间为 0 时，有源蜂鸣器连续发出 5 次提示声；按下按钮 B 可以回到初始状态（10 秒），重新计时。展开想象的翅膀，去实现你的想法，让我们一起动手吧！

第 4 单元

玩转板载传感器

　　本单元以 Micro:bit 主板集成的传感器为主要探索内容，带领大家对指南针传感器、温度传感器和光线传感器进行探究，渗透编程思维训练，为后面更复杂的案例制作做好铺垫。

　　本单元选择大家熟悉的情境作为案例的主要内容，设计了 3 个作品。通过设计规划、动手做一做等，探究部分主板集成的传感器的功能及应用，掌握运用 Mixly 软件，自主编程、调试，完成案例的制作。

 本单元内容

　　　　📖　第 10 课　制作箭头小游戏

　　　　📖　第 11 课　小巧家用温度计

　　　　📖　第 12 课　楼道简易感光灯

第 10 课　制作箭头小游戏

　　使用 Micro:bit 显示屏，制作一个箭头小游戏。当 Micro:bit 主板向下方倾斜时，显示屏显示朝下的箭头；如果朝上方倾斜时，显示屏显示朝上的箭头。是不是很有趣？赶快来一起制作并玩一玩吧！

研究院

1. 头脑风暴

　　本例要制作箭头小游戏，当 Micro:bit 主板向一个方向倾斜时，显示屏用箭头显示倾斜的方向。想一想，它是怎么知道倾斜方向的？用什么传感器来检测？将你思考的答案填写在表 10–1 中。

表 10–1　问题与方案

要思考的问题	想解决的方案
使用什么传感器检测倾斜的方向？	
Micro:bit 哪些端口与传感器连接？	

2. 思路分析

　　制作箭头小游戏，需要用到 Micro:bit 主板上的角度传感器。在程序的控制下，角度传感器检测主板倾斜的角度，通过程序将结果显示在显示屏上。其工作流程如图 10–1 所示。

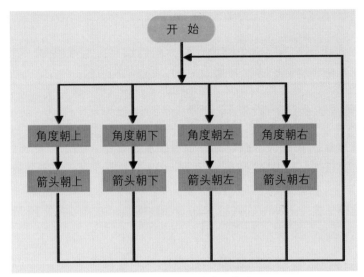

图 10-1　箭头小游戏工作流程

使用 Mixly 软件编写、上传程序，让主板中的角度传感器检测主板倾斜的角度，使用箭头显示其方向。

♡　**说一说**　角度传感器还能制作哪些游戏？说说你的想法。

♡　**选一选**　制作此例，需要采用选择结构编写程序，请选一选可能要用到的积木指令，并说说各积木指令的功能。

□　其他：_____

🌐 设计室

1. 电路规划

本案例运用 Micro:bit 主板自带的角度传感器，使用时只需将 Micro:bit 主板通过数据线与电脑连接即可。

2. 外观设计

因为本案例只使用 Micro:bit 主板，所以外观上没有变化，保持原有不变。

🏛 实践区

本例的制作步骤是首先完成电路的连接，然后编写、上传程序，最后进行合理的外观设计制作，并把硬件固定在盒子里。

校准传感器

Micro:bit 主板使用角度传感器，先要校准角度传感器，然后才能使用它。

01 **连接 Micro:bit 主板** 将 USB 数据线与 Micro:bit 主板连接，并将数据线另一头与电脑连接。

02 **添加打印程序** 运行 Mixly 软件，单击 🖊 串口 模块，按图 10-2 所示操作，添加打印程序。

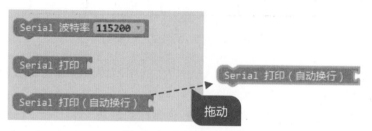

图 10-2　添加打印程序

03 **获取角度** 单击 ◎ 传感器 模块，将 获取指南针 磁场强度 指令添加到程序中，按图 10-3 所示操作，获取指南针角度。

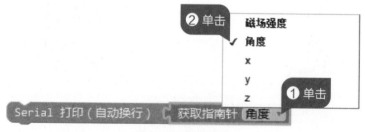

图 10-3　获取角度

04 **上传程序** 单击 上传 按钮，将程序上传到 Micro:bit 主板中。

05 **校准角度** 上传程序后，屏幕显示 TILT TO FILLSCREEN，然后旋转屏幕，使屏幕全部点亮，完成校准，如图 10-4 所示。

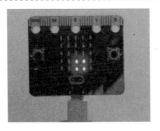

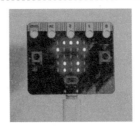

正在校准　　　　　　　　完成校准　　　　　　　　校准成功

图 10-4　校准角度

编写程序

重复检测 Micro:bit 主板的角度，当主板向一个方向发生倾斜时，屏幕显示方向。

01　添加重复程序 单击 控制模块，按图 10-5 所示操作，添加重复执行程序。

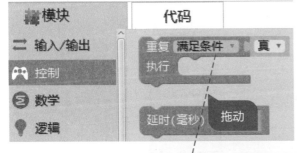

图 10-5　添加重复程序

02　检测角度 单击 📷 传感器模块，按图 10-6 所示操作，设置检测角度。

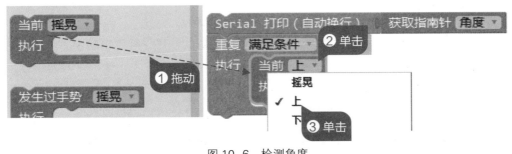

图 10-6　检测角度

03 添加显示结果　单击 💻 显示器模块，按图 10-7 所示操作，添加显示结果指令。

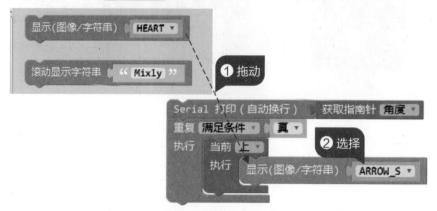

图 10-7　添加显示结果

04 编写其他程序　按照同样的方法，添加其他方向的显示效果，如图 10-8 所示。

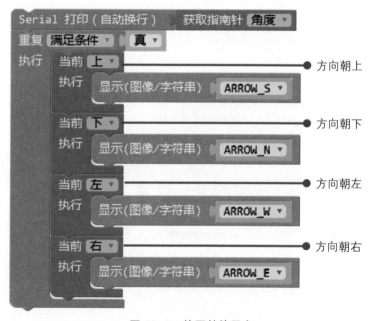

图 10-8　编写其他程序

05 调试程序　上传程序，测试并调试程序，将调试好的程序保存到电脑中。

💡 **创意园**

(1) 修改本课中的案例，使程序运行后的效果如图 10-9 所示，当主板向四角倾斜时，显示相应的方向。

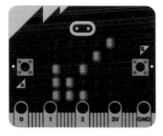 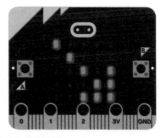

图 10-9　程序运行效果

(2) 阅读如图 10-10 所示的程序，先自己预计一下运行结果，再运行验证自己猜测得是否正确。

(3) 想一想，运用角度传感器还可以制作哪些案例？请编写程序，自己设计并制作吧！

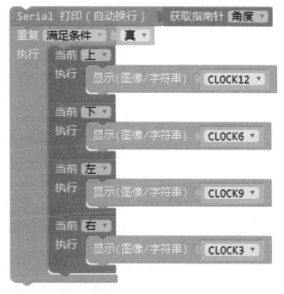

图 10-10　程序

第 11 课　小巧家用温度计

室内温度计可以测量室内的温度，使用 Micro:bit 的温度传感器，也可以制作一个家用温度计。它不仅能实时显示家中的温度，还能提示人体的舒适程度，是不是很酷？赶快来一起制作并玩一玩吧！

扫一扫，看视频

 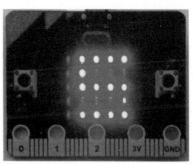

研究院

1. 头脑风暴

本例要制作一个小巧的家用温度计，使用 Micro:bit 主板上的温度传感器实时检测环境中的温度，并将结果显示在显示屏上，根据人体的舒适度进行相应的提示。想一想，它是怎么将检测的温度显示在显示屏上的？将你思考的答案填写在表 11-1 中。

表 11-1　问题与方案

要思考的问题	想解决的方案
使用什么传感器检测温度？	
Micro:bit 显示屏如何显示温度？	

2. 思路分析

制作小巧的家用温度计，需要用到 Micro:bit 主板上的温度传感器。在程序的控制下，温度传感器检测温度，通过程序将结果显示在显示屏上。其工作流程如图 11-1 所示。

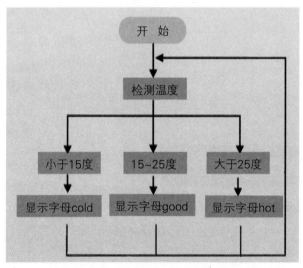

图 11-1　小巧的家用温度计工作流程

使用 Mixly 软件编写、上传程序，使用板载温度传感器检测温度，通过显示屏显示温度等相关信息。

♡ **说一说**　温度传感器还能制作哪些作品？说说你的想法。

♡ **选一选**　制作此例，需要采用选择结构编写程序，请选一选可能要用到的积木指令，并说说各积木指令的功能。

□ 数字输出 管脚# 0 ▼ 设为 高 ▼ 　　□ 数字输入 管脚# 0 ▼

□ 主板温度 　　□ 延时 毫秒 ▼ 1000

□ 当前 摇晃 ▼ 执行 　　□ 重复 满足条件 ▼ 执行

□ 其他：_____

🌐 设计室

1. 电路规划

本案例使用 Micro:bit 主板自带的温度传感器，使用时只需将 Micro:bit 主板通过数据线与电脑连接即可。

2. 外观设计

因为本案例只使用 Micro:bit 主板，所以外观上没有变化，保持原有不变。

🏛 实践区

制作小巧的家用温度计之前，需要考虑到主板温度与环境温度的误差。一般情况下，主板因电路工作原因，它的温度通常高于环境温度，需要先校准主板温度与环境温度的差，再通过程序实现案例效果。

校准温度

Micro:bit 主板上的温度传感器检测的是主板的温度，与室内温度有一定的差，先要校准，然后才能使用它。

01 连接 Micro:bit 主板　将 USB 数据线与 Micro:bit 主板连接，并将数据线另一头与电脑连接。

02 添加变量　运行 Mixly 软件，单击 ● 模块，按图 11-2 所示操作，添加变量。

03 获取主板温度　单击 🔧 传感器 模块，将 主板温度 指令添加到变量中，给变量赋值，效果如图 11-3 所示。

04 上传程序　单击 上传 按钮，将程序上传到 Micro:bit 主板中。

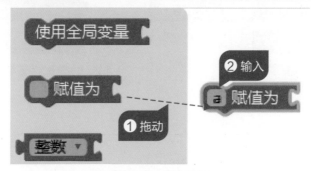

图 11-2　添加变量

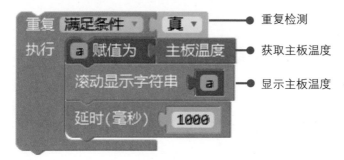

图 11-3　获取主板温度

05 **校准温度**　上传程序后，屏幕显示当前主板温度，与家用温度计显示效果对比，找到其与家用温度计显示温度的差值并减之，效果如图 11-4 所示。

图 11-4　校准温度

---- **编写程序** ---------

　　重复检测 Micro:bit 主板的温度，显示屏显示温度，并提示人体舒适程度。

01 **设置低温提示**　添加条件判断，当室内温度低于 15 度时，人体会感到寒冷，设置室内低温状态，效果如图 11-5 所示。

02 **添加多个条件**　按图 11-6 所示操作，添加 2 个条件，判断舒适温度范围和炎热状态。

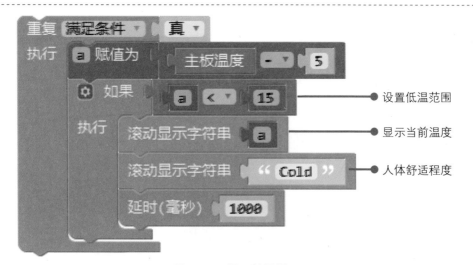

图 11-5　设置低温提示

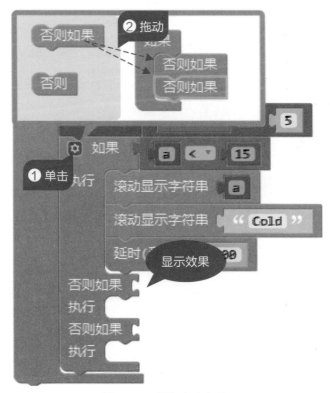

图 11-6　添加多个条件

03 添加逻辑判断　按图 11-7 所示操作，添加一个逻辑判断并设置相应的数值。

04 编写其他程序　按照同样的方法，添加其他方向的显示效果，如图 11-8 所示。

05 调试程序　上传程序，测试并调试程序，将调试好的程序保存到电脑中。

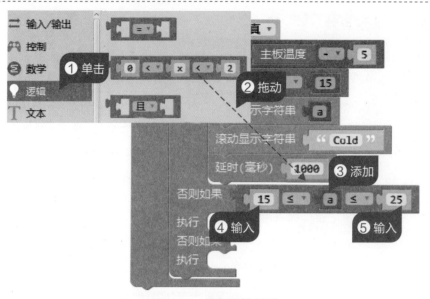

图 11-7 添加逻辑判断

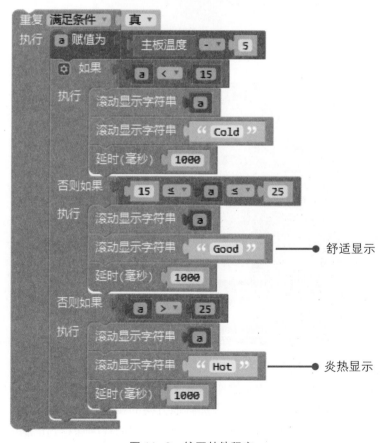

图 11-8 编写其他程序

创意园

(1) 修改本课中的案例，使程序运行后的效果如图 11-9 所示。运行程序，当温度较低时，显示左图效果，温度越高，显示的亮点越多，最后直至全部点亮，表明温度非常高。

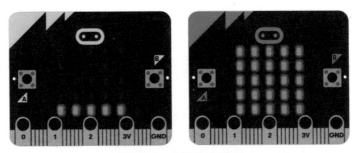

图 11-9　程序运行效果

(2) 阅读如图 11-10 所示的程序，先自己预计一下运行结果，再运行验证自己猜测得是否正确。

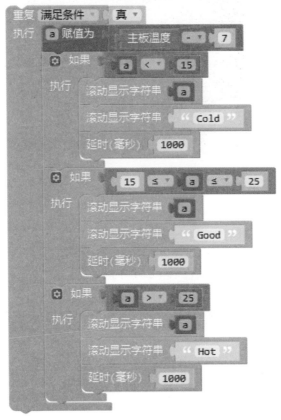

图 11-10　程序

(3) 想一想，运用温度传感器还可以制作哪些案例？请编写程序，自己设计并制作吧！

第 12 课 楼道简易感光灯

夜晚的楼道总是漆黑的，很不方便。能不能使用 Micro:bit 来制作一个简易的感光灯呢？白天时它不通电，节约能源。当夜黑时，它点亮灯光，照亮楼道，方便行人，是不是很酷？赶快来一起制作吧！

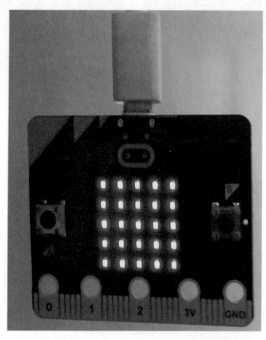

 研究院

1. 头脑风暴

本例要制作一个简易感光灯，当光线暗淡时，开灯照亮楼道。想一想，它是怎么检测光亮的？将你思考的答案填写在表 12-1 中。

表 12-1 问题与方案

要思考的问题	想解决的方案
使用什么传感器检测光线亮度？	
Micro:bit 显示屏如何打开灯光？	

2. 思路分析

制作简易感光灯，需要用到 Micro:bit 主板上的光线传感器。在程序的控制下，光线传感器检测环境中的光线值，通过程序控制灯光。其工作流程如图 12-1 所示。

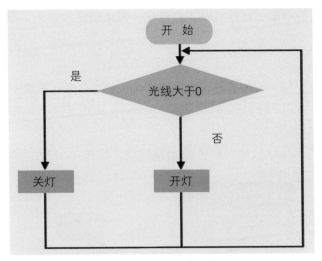

图 12-1　简易感光灯工作流程

使用 Mixly 软件编写、上传程序，使用板载光线传感器检测光线，根据光线的大小控制灯的开与关。

♡　说一说　运用光线传感器还能制作哪些作品？说说你的想法。

♡　选一选　制作此例，需要采用选择结构编写程序，请选一选可能要用到的积木指令，并说说各积木指令的功能。

□　其他：＿＿＿＿＿＿＿＿＿＿＿＿＿＿＿＿＿＿＿＿＿＿＿＿＿＿

🌐 设计室

1. 电路规划

本案例运用 Micro:bit 主板自带的光线传感器，使用时只需将 Micro:bit 主板通过数据线与电脑连接即可。

2. 外观设计

因为本案例只使用 Micro:bit 主板，所以外观上没有变化，保持原有不变。

🏛 实践区

制作简易感光灯，通过 Micro:bit 主板上的光线传感器检测环境中的光线值。通过程序设计，当光线值小于一定数值时，打开灯；当光线值大于一定数值时，关闭灯。

检测光线

Micro:bit 主板上的光线传感器检测环境中的光线值，为制作感光灯做好准备工作。

01 连接 Micro:bit 主板　将 USB 数据线与 Micro:bit 主板连接，并将数据线另一头与电脑连接。

02 添加变量　运行 Mixly 软件，单击 🔶 变量 模块，按图 12-2 所示操作，添加变量。

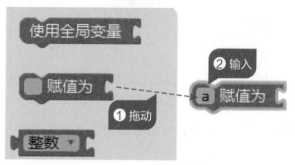

图 12-2　添加变量

03 获取光线数值　单击 🔘 传感器 模块，将 获取光线传感器的值 指令添加到变量中，给变量赋值，效果如图 12-3 所示。

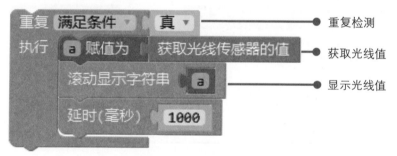

图 12-3　获取光线数值

04 上传程序　单击 上传 按钮，将程序上传到 Micro:bit 主板中。

05 检测光线　上传程序后，屏幕显示当前环境中的光线值，效果如图 12-4 所示。

图 12-4　显示光线值

编写程序

重复检测 Micro:bit 主板上的光线传感器所检测的光线值，编写开灯与关灯的程序。

01　添加变量　添加一个变量，用于存储光线传感器获取的值，效果如图 12-5 所示。

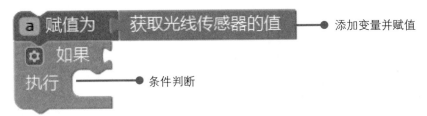

图 12-5　添加变量

02　设置判断条件　按图 12-6 所示操作，判断光线传感器值。

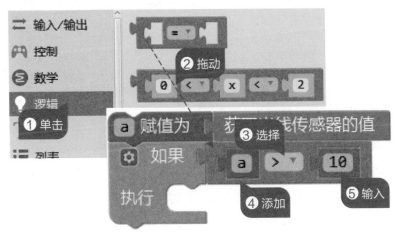

图 12-6　设置判断条件

03　添加一个条件　按图 12-7 所示操作，添加一个逻辑。

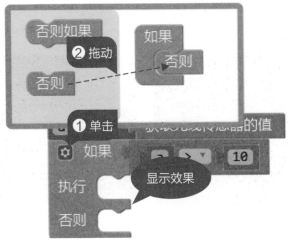

图 12-7　添加逻辑判断

04 编写其他程序 继续编写程序，添加逻辑判断执行程序，并完成剩余程序的编写，如图 12-8 所示。

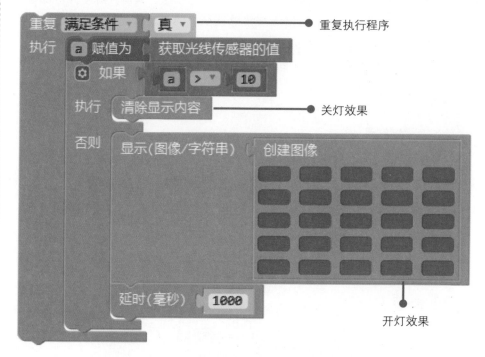

图 12-8　编写其他程序

05 调试程序 上传程序，测试并调试程序，将调试好的程序保存到电脑中。

创意园

(1) 修改本课中的案例，使程序运行后的效果如图 12-9 所示。运行程序，当光线大于 8 时，显示左图效果；小于 8 时，显示右图效果。

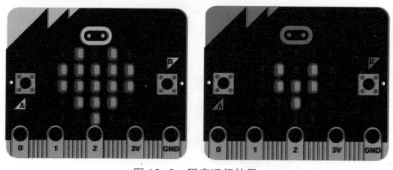

图 12-9　程序运行效果

(2) 阅读如图 12-10 所示的程序，先自己预计一下运行结果，再运行验证自己猜测得是否正确。

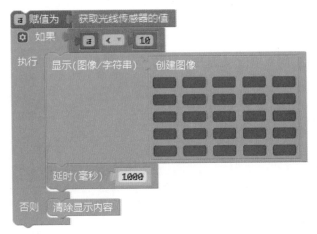

图 12-10　程序

(3) 编写程序，自己设计一个开灯和关灯的效果。

第 5 单元

轻松玩转超声波

我们知道，声音是由于物体振动产生的，而振动又与频率密切相关。人耳能听到的声音频率为 20Hz~20kHz，超过 20kHz 的声音，我们是听不见的。因此，把频率高于 20kHz 的声波叫作超声波，它方向性好，穿透能力强，在介质中传播的距离较远，因而超声波经常用于距离的测量。

本单元设计了 3 个作品，选择大家熟悉的内容作为案例的主要内容，通过设计规划、动手做一做等，探究超声波的功能及应用，掌握运用 Mixly 软件，引导读者自主编程、调试，完成案例的制作。

 **本单元内容**

📖 **第 13 课 制作超声波测距**

📖 **第 14 课 新式倒车报警器**

📖 **第 15 课 智能交通信号灯**

第 13 课　制作超声波测距

扫一扫，看视频

尺子是我们常用的测量距离的工具，但是它在一些特殊场合使用时往往会有一些局限性，比如测量两栋高楼之间的距离时，不仅耗费人力物力，而且测量时还会有一定误差。这时我们需要一个超声波测距仪，只要按下按钮，就可以测量出它们之间的距离。本课就让我们一起来动手设计和制作一个简易的超声波测距仪吧！

研究院

1. 头脑风暴

本例要实现超声波测距的功能，首先要将测距仪对准被测物体，然后按下按钮，就可以轻松测量出与被测物体之间的距离，并将距离值显示在屏幕上。思考一下，超声波测距仪在生活中有哪些应用呢？在制作的过程中，距离值显示在什么地方呢？将你思考的答案填写在表 13-1 中。

表 13-1　问题与方案

要思考的问题	想解决的方案
超声波测距仪在生活中有哪些应用呢？	
在制作的过程中，距离值显示在什么地方呢？	

2. 思路分析

为了实现超声波测距的功能，需要使用到超声波传感器。在程序的控制下，如果按下 Micro:bit 主板上的 A 按钮，超声波传感器会不断探测与被测物体之间的距离，并将距离值显示在 Micro:bit 主板的 LED 屏幕上；如果按下 B 按钮，距离值清零，停止测距。其工作流程如图 13-1 所示。

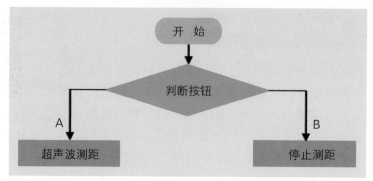

图 13-1　超声波测距仪工作流程

同学们制作超声波测距仪的创意有很多，通过按钮触发，使用超声波传感器来完成测距操作，使用 T1 飞机盒来制作作品外观，使用 Mixly 软件编写并上传程序，完成作品功能。

♡　说一说　本例是通过按钮触发超声波传感器测量距离，可不可以使用 Micro:bit 上的管脚来触发呢？说说你的想法。

♡　选一选　制作此例，需要编写程序，请选一选可能要用到的积木指令，并说说各积木指令的功能。

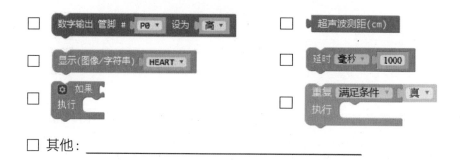

☐ 其他：＿＿＿＿＿＿＿＿＿＿＿＿＿＿＿＿＿＿＿＿＿

🌐 设计室

1. 线路规划

将超声波传感器的管脚 Trig、Echo 通过杜邦线接在 Micro:bit 扩展板的 P15、P14 管脚上，再将管脚 VCC、GND 接在扩展板的 3V3、GND 管脚上。通过控制 P15 管脚发出超声波，如果碰到被测物体则立即返回，P14 管脚负责接收反射回来的超声波，根据时间差计算出传感器与被测物体的距离，如图 13-2 所示。

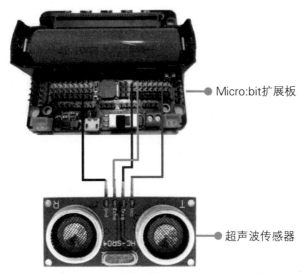

图 13-2　超声波测距仪线路规划

2. 外观设计

超声波测距仪是使用超声波传感器测量出与被测物体之间的距离，只要按下按钮，就可以测量出它们之间的距离，并将距离值显示在 LED 屏幕上。超声波测距仪的外观样式有很多，你打算将自己的超声波测距仪设计成什么样呢？准备用哪些再生材料来制作外形呢？

♡　**画一画**　对于超声波测距仪的外观设计，你有什么样的构思，请画出来。

♡　**想一想**　我们常用的超声波传感器模块型号是 HC-SR04，它的工作电压是 5V，而 Micro:bit 主板上提供的是 3.3V 的电压，无法驱动其正常工作。想一想，有没有办法解决呢？

材料间

1. 制作工具

剪刀、胶枪、彩笔、螺丝刀、铅笔。

2. 材料清单

本案例使用了多种材料制作完成，具体内容如表 13-2 所示。赶快准备材料，一起来做一做吧！

表 13-2　制作材料清单

材料	数量	材料	数量
Micro:bit 主板	1 个	3~5V 宽电压版超声波传感器	1 个
Micro:bit 扩展板	1 个	母对母杜邦线	4 根
USB 数据线	1 根	T1 飞机盒	1 个

🏛 实践区

使用超声波传感器

超声波是频率高于 20kHz 的声波，超声波传感器可以发出超声波，经常用来探测距离。

01 认识超声波传感器　超声波传感器是一种利用超声波来测量距离的传感器。超声波传感器就像人的两只眼睛一样，一只用来发射超声波，途中碰到障碍物就立即返回，另一只就用来接收返回来的超声波，根据时间差就可以计算出超声波传感器与障碍物之间的距离，常见的超声波传感器如图 13-3 所示。

图 13-3　超声波传感器

02 选择测距指令　在 Mixly 编程环境中，"测距"指令位于"传感器"模块中，该指令可以计算出超声波传感器与被测物体之间的距离，单位是 cm，如图 13-4 所示。

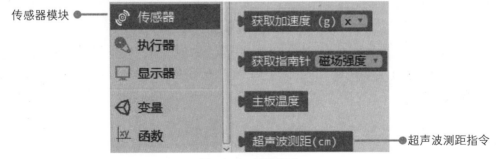

图 13-4　测距指令

连接电路

将 Micro:bit 的主板插入扩展板，再将超声波传感器与扩展板相连。

01 **连接主板**　将 Micro:bit 主板插入扩展板中，含有按钮的一面朝外，如图 13-5 所示。

图 13-5　连接主板

02 **连接超声波传感器**　通过杜邦线将 Micro:bit 扩展板上的 3V3、GND、P15 和 P14 管脚分别接在超声波传感器的 VCC、GND、Trig 和 Echo 管脚上，如图 13-6 所示。

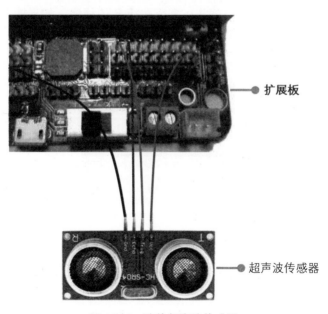

图 13-6　连接超声波传感器

编写程序

使用循环与选择结构编写程序，通过 Micro:bit 主板上的按钮触发，使超声波传感器完成测距功能。

01 初始设置 运行 Mixly 软件，声明变量 Distance，将变量的初始值设定为 0，完成程序初始化操作，如图 13-7 所示。

图 13-7　初始设置

02 添加按钮 A 程序 使用循环结构编写程序，设置 Micro:bit 主板上的 A 按钮被按下时，将超声波传感器测量的距离值赋给变量 Distance，如图 13-8 所示。

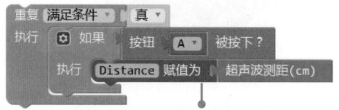

图 13-8　添加按钮 A 程序

03 添加按钮 B 程序 使用同样的方法，完成按钮 B 的程序，如果按下按钮 B，距离值清零，停止测距，如图 13-9 所示。

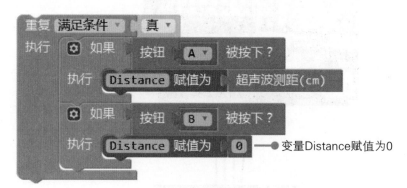

图 13-9　完成按钮 B 程序

04 编写其他程序 编写程序，使 Micro:bit 主板上的 LED 屏幕显示 Distance 变量的值，如图 13-10 所示。

05 上传和调试程序 将 Micro:bit 主板通过 USB 数据线与电脑相连，把编写好的程序上传到主板上，测试并调试程序。

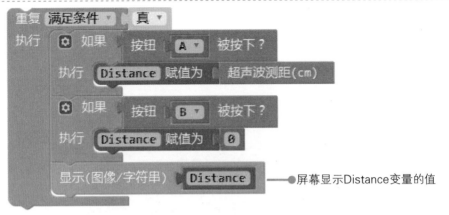

图 13-10 编写其他程序

制作外观装饰

使用 T1 飞机盒，制作测距仪的外观，将超声波传感器安装到外观上。

01 设计外观 拿出稿纸，设计作品外观，在纸上绘制出超声波测距仪的外观结构，效果如图 13-11 所示。

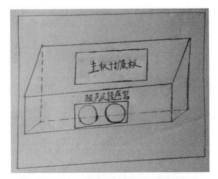

图 13-11 超声波测距仪规划草图

02 外观制作 使用螺丝刀在 T1 飞机盒上钻出适合安放超声波传感器大小的洞，效果如图 13-12 所示。

图 13-12 外观制作

03 安装超声波传感器 将超声波传感器在纸盒内部透过小洞露出,并用热胶枪将其固定,效果如图 13-13 所示。

图 13-13　安装超声波传感器

04 固定主板 使用杜邦线将扩展板与超声波传感器相连,安装在纸盒的正上方,使用热胶枪将其固定,效果如图 13-14 所示。

图 13-14　固定主板

05 测试案例 打开扩展板电源开关,程序启动后,测试案例效果,根据实际情况调整外观设计和程序。

💡 创意园

1. 实践体验

亲爱的小创客们,你们是不是迫不及待地想去试一试自己制作的超声波测距仪了,但是你知道它的测距范围有多大吗?请大家自己动手去验证一下吧!

2. 创意设计

如果以上任务你已经完成了，能自己去设计和制作一个身高测量仪吗？测测你和同学的身高，看看是否准确。小创客们，还在等什么，赶快来动手试一试吧！

第 14 课　新式倒车报警器

扫一扫，看视频

倒车报警器是汽车倒车时的安全辅助装置。驾驶员在倒车的过程中，由于视线所限无法看到车后的障碍物，如果离障碍物太近，容易造成刮伤汽车甚至发生交通事故等情况，这时就需要倒车报警器去提醒司机注意与车后障碍物的距离，以避免此类事故的发生。本课就让我们一起来动手设计和制作一个简易的倒车报警器吧！

研究院

1. 头脑风暴

本例要实现倒车报警器的功能，当汽车离障碍物较远时，报警器不会发出声音；当汽车离障碍物越来越近时，报警器会发出警报声，并且离障碍物越近，发出的警报声也会变得越急促。思考一下，在制作的过程中，使用什么传感器来发现车后的障碍物呢？用什么样的电子设备来发出警报声呢？将你思考的答案填写在表 14-1 中。

表 14-1　问题与方案

要思考的问题	想解决的方案
使用什么传感器来发现车后障碍物呢？	
使用什么样的电子设备来发出警报声呢？	

2. 思路分析

为了实现倒车报警器的功能，需要使用到超声波传感器，超声波传感器会不断地探测汽车与障碍物之间的距离。在程序的控制下，如果 20cm 以下，警报声 1 秒响 2 次；如果在 20~40cm 之间 (含 20cm)，警报声 1 秒响 1 次；如果距离在 40cm 以上 (含 40cm) 时，警报声不响。其工作流程如图 14-1 所示。

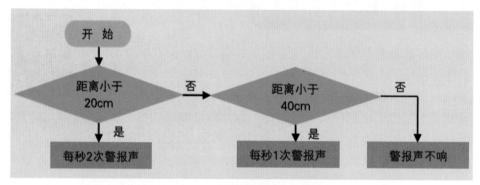

图 14-1　倒车报警器工作流程

同学们制作倒车报警器的创意有很多，可以使用超声波传感器来代替驾驶员的"眼睛"发现车后障碍物的情况，使用有源蜂鸣器来发出报警声，使用纸板来制作作品外观，使用 Mixly 软件编写并上传程序，完成作品功能。

♡　**说一说**　本例使用有源蜂鸣器发出报警提示，可不可以用不同颜色的 LED 代替呢？比如距离在 40cm 以上没有提示；距离在 20~40cm 之间时，黄灯发出警报；距离在 20cm 以下，红灯发出警报。说说你的想法。

♡　**选一选**　制作此例，需要编写程序，请选一选可能要用到的积木指令，并说说各积木指令的功能。

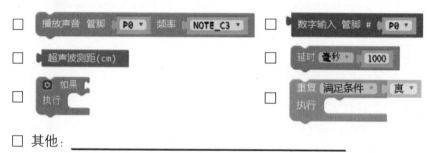

□ 其他：_____

🌐 设计室

1. 线路规划

把超声波传感器的管脚 Trig 通过杜邦线接在 Micro:bit 扩展板的 P15 管脚上，管脚 Echo 接在 P14 管脚上，再将管脚 VCC、GND 接在扩展板的 3V3、GND 管脚上，报警器使用扩展板自带的有源蜂鸣器，管脚号 P0，如图 14-2 所示。

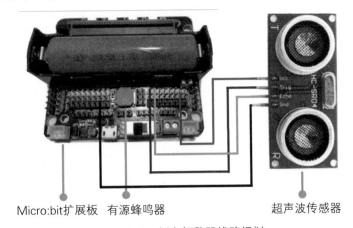

Micro:bit扩展板　有源蜂鸣器　　　　超声波传感器

图 14-2　倒车报警器线路规划

2. 外观设计

　　倒车报警器是使用超声波传感器来测量出与障碍物的距离，如果距离太近，也就是离障碍物太近时，扩展板上自带的有源蜂鸣器会发出声音警示。倒车报警器的外观样式有很多，你打算将自己的倒车报警器设计成什么样呢？准备用哪些再生材料来制作外形呢？

♡　**画一画**　对于倒车报警器的外观设计，你有什么样的构思，请画出来。

♡　**想一想**　除了用超声波传感器外，你考虑过用别的传感器制作倒车报警器吗？

材料间

1. 制作工具

　　剪刀、胶枪、彩笔、美工刀、铅笔。

2. 材料清单

　　本案例使用了多种材料制作完成，具体内容如表 14-2 所示。赶快准备材料，一起来做一做吧！

表 14-2　制作材料清单

材料	数量	材料	数量
Micro:bit 主板	1 个	3~5V 宽电压版超声波传感器	1 个
Micro:bit 扩展板	1 个	母对母杜邦线	4 根
USB 数据线	1 根	1mm 纸板	4 张

🏛 实践区

连接电路

将 Micro:bit 的主板插入扩展板中，再将超声波传感器与扩展板相连。

01 连接主板　将 Micro:bit 主板插入扩展板中，含有按钮的一面朝外，报警器使用扩展板上自带的有源蜂鸣器，管脚号 P0，如图 14-3 所示。

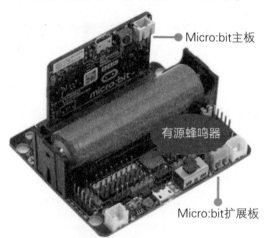

　　　　　　　　　　　　　　　● Micro:bit主板

有源蜂鸣器

　　　　　　　● Micro:bit扩展板

图 14-3　连接主板

02 连接超声波传感器　通过杜邦线将 Micro:bit 扩展板上的 3V3、GND、P15 和 P14 管脚分别接在超声波传感器的 VCC、GND、Trig 和 Echo 管脚上。

编写程序

使用选择结构编写程序，通过超声波传感器触发，控制有源蜂鸣器是否发出声音，完成作品功能。

01 初始设置　运行 Mixly 软件，声明变量 Distance，将 Distance 变量的初始值设定为 0，完成程序初始化操作，如图 14-4 所示。

Distance 赋值为　**0**　　●━ **声明变量Distance并将初始值设定为0**

图 14-4　初始设置

02 **设置变量赋值**　将超声波传感器测量的距离值赋给变量 Distance，如图 14-5 所示。

将超声波传感器测量的距离值赋给变量Distance

图 14-5　设置变量赋值

03 **添加超声波传感器程序**　按图 14-6 所示操作，用多分支选择结构编写程序。如果变量 Distance 的值小于 20，警报声 1 秒响 2 次；如果 Distance 的值小于 40，警报声 1 秒响 1 次；否则，停止警报声。

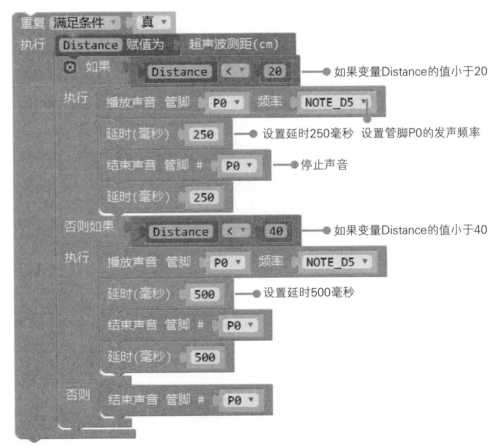

图 14-6　添加超声波传感器程序

04 **上传和调试程序**　将 Micro:bit 主板通过 USB 数据线与电脑相连，把编写好的程序上传到主板上，测试并调试程序。

制作外观装饰

使用 1mm 厚的纸板，制作倒车报警器的外观，将超声波传感器安装到外观上。

01 **设计外观**　拿出稿纸，设计作品外观，在纸上绘制出倒车报警器的外观结构，效果如图 14-7 所示。

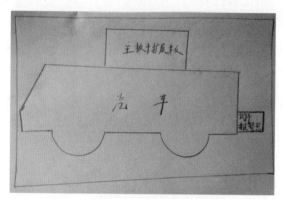

图 14-7　倒车报警器规划草图

02 **外观制作**　使用美工刀在纸板上钻出适合安放超声波传感器大小的洞，再使用工具制作出外观的其他部分，效果如图 14-8 所示。

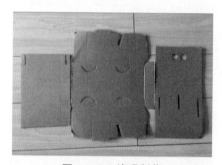

图 14-8　外观制作

03 **安装超声波传感器**　将超声波传感器插入洞中，并用热胶枪将其固定，效果如图 14-9 所示。

图 14-9　安装超声波传感器

04 **安装主板**　使用杜邦线将扩展板与超声波传感器相连并安装到作品中，再用热胶枪固定，效果如图 14-10 所示。

图 14-10　安装主板

05 **测试案例**　打开扩展板电源开关，程序启动后，测试案例效果，根据实际情况调整外观设计和程序。

💡 创意园

1. 编写程序

在本案例程序的基础上，尝试编写程序。如果汽车与障碍物之间的距离在 10cm 以下 (包含 10cm)，警报声 1 秒响 4 次。

2. 创意设计

亲爱的小创客们，相信你一定学会了倒车报警器的制作了！在此基础上，你能设计和制作出一个盲人智能腰带吗？由于双目失明，盲人的生活有很多不便之处，利用超声波传感器制作的智能腰带可以改善他们的生活。当检测到前方有障碍物时，智能腰带会发出声音以提醒盲人注意安全。展开想象的翅膀，去实现你的想法，让我们一起动手吧！

第 15 课　智能交通信号灯

交通信号灯是交通安全和畅通的重要保障。但交通信号灯安装在车流量较大、人流量较少的路段时，会出现没有人过马路，车辆却要停下等红灯的情况，不但浪费时间，还可能造成交通拥堵，这时我们需要一个智能交通信号灯。如果有行人要过马路，切换到红灯状态，车辆禁止通行；当行人安全走到马路对面，切换到绿灯状态，恢复车辆通行。本课让我们一起动手设计和制作一个可以与行人互动的交通信号灯吧！

扫一扫，看视频

🧠 研究院

1. 头脑风暴

　　本例要实现智能交通信号灯的功能。如果没有人过马路，交通信号灯亮起绿灯，车辆可以畅通无阻地前行；如果有行人要过马路，交通信号灯会在一段时间之后亮起红灯，禁止车辆通行；如果行人安全走到马路对面，交通信号灯切回绿灯，恢复车辆通行。思考一下，当有行人要过马路时，使用什么传感器来发现行人呢？在制作过程中，用什么电子元件来充当交通信号灯中的红、黄、绿 3 个灯的角色呢？将你思考的答案填写在表 15-1 中。

表 15-1　问题与方案

要思考的问题	想解决的方案
当有行人要过马路时，使用什么传感器来发现行人呢？	
使用什么电子元件来充当交通信号灯中的红、黄、绿 3 个灯的角色呢？	

2. 思路分析

　　为了实现智能交通信号灯的功能，需要使用到超声波传感器，超声波传感器会不断探测与行人之间的距离。在程序的控制下，如果没有行人过马路，绿灯一直都是常亮状态。如果有行人要过马路并且测得距离在 20cm 以下（含 20cm），则绿灯灭，黄灯闪烁 2 秒后红灯点亮，此时车辆停止通行，行人可以穿过斑马线到达马路对面，30 秒后恢复车辆通行。其工作流程如图 15-1 所示。

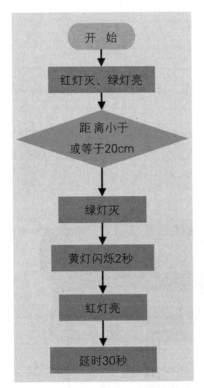

图 15-1　智能交通信号灯工作流程

同学们制作智能交通信号灯的创意有很多，通过超声波传感器与行人的互动，控制交通信号灯的切换，使用纸板和雪糕棒来制作作品外观，使用 Mixly 软件编写并上传程序，完成作品功能。

♡　说一说　本例中的红绿灯使用了 LED(发光二极管)，但一般 LED 工作电压是 1.5~2V，而 Micro:bit 主板的输出电压是 3.3V，如果直接将 LED 与主板相连，可能会烧毁。有没有办法解决呢？说一说你的想法。

♡　选一选　制作此例，需要编写程序，请选一选可能要用到的积木指令，并说说各积木指令的功能。

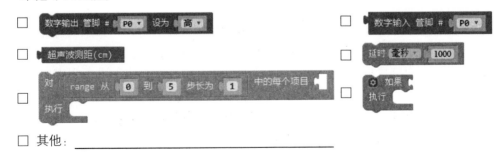

□　其他：_____

 设计室

1. 线路规划

通过杜邦线把红、黄、绿 3 个 LED(发光二极管) 的正极 (长管脚) 分别先接一个 100Ω 的限流电阻，再接在 Micro:bit 扩展板的 P13、P12、P8 管脚上，负极 (短管脚) 接扩展板的 GND 管脚。将超声波传感器的 Trig、Echo 管脚通过杜邦线接在扩展板的 P15、P14 管脚上，再将 VCC、GND 管脚接在扩展板的 3V3、GND 管脚上，如图 15-2 所示。

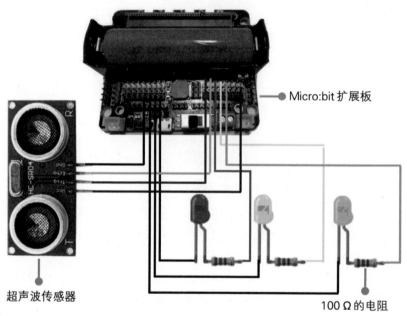

图 15-2　智能交通信号灯线路规划

2. 外观设计

智能交通信号灯是使用超声波传感器来发现要过马路的行人，如果发现行人，信号灯从绿灯变成红灯，从而禁止车辆通行，保障行人安全通过。智能交通信号灯的外观样式有很多，你打算将自己的智能交通信号灯设计成什么样呢？准备用哪些再生材料来制作外形呢？

♡　**画一画**　对于智能交通灯的外观设计，你有什么样的构思，请画出来。

画
一
画

♡　**想一想**　交通信号灯由红灯、黄灯、绿灯组成，这 3 个灯有亮灯顺序吗？如果有，可不可以调换它们的亮灯顺序。

材料间

1. 制作工具

剪刀、胶带、胶枪、彩笔、美工刀、铅笔。

2. 材料清单

本案例使用了多种材料制作完成，具体内容如表 15–2 所示。赶快准备材料，一起来做一做吧！

表 15–2　**制作材料清单**

材料	数量	材料	数量
Micro:bit 主板	1 个	母对母、公对母杜邦线	若干
Micro:bit 扩展板	1 个	5mm PVC 雪弗板	1 张
USB 数据线	1 根	1mm 纸板	1 张
红、黄、绿 LED	3 个	雪糕棒	4 根
3~5V 宽电压版超声波传感器	1 个	蓝色皮纹纸	1 张

实践区

使用 LED

LED 是一种将电能转化成光能的元件。通过触发超声波传感器，控制红、黄、绿 3 个 LED 灯的切换。

01　认识 LED　LED 即发光二极管，是一种将电能转化为可见光的固态半导体器件，如图 15–3 所示。常见的 LED 一般有两个管脚，即正极和负极，长的管脚是正极，短的是负极，电流只能从正极流向负极，反之不行。

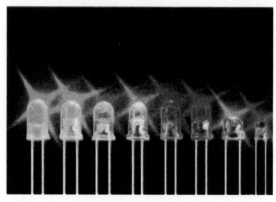

图 15-3　认识 LED

02　认识电阻　电阻是一种对电流产生阻碍作用的电子元件，不分正负极，常和一些电子元件串联在一起，这样可以有效防止电流过大，避免损坏元件，如图 15-4 所示。

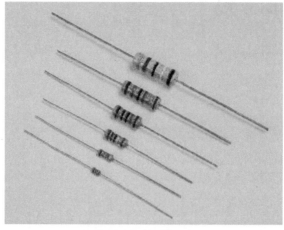

图 15-4　认识电阻

连接电路

将 Micro:bit 的主板插入扩展板中，再将红、黄、绿 3 个 LED 与扩展板相连，最后将超声波传感器连接在扩展板上。

01　连接主板　将 Micro:bit 主板插入扩展板中，含有按钮的一面朝外。

02　连接 LED　通过杜邦线将 Micro:bit 扩展板上的 P13、P12 和 P8 管脚分别先接一个 100Ω 的限流电阻，再接红、黄、绿 3 个 LED 的正极（长管脚），而 GND 接在 3 个 LED 的负极（短管脚）上，如图 15-5 所示。

03　连接超声波传感器　通过杜邦线将 Micro:bit 扩展板上的 3V3、GND、P15 和 P15 管脚分别接在超声波传感器的 VCC、GND、Trig 和 Echo 管脚上。

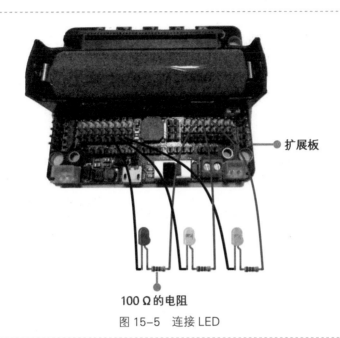

100 Ω 的电阻

图 15-5　连接 LED

编写程序

　　使用选择和循环结构编写程序，通过超声波传感器触发，控制交通信号灯的切换，完成作品功能。

01　初始设置　运行 Mixly 软件，声明变量 Distance 和变量 i，将这两个变量的初始值都设定为 0，完成程序初始化操作，如图 15-6 所示。

图 15-6　初始设置

02　设置变量　将 Distance 变量赋值为超声波传感器测量的距离值，如图 15-7 所示。

将超声波传感器测量的距离值赋值给变量 Distance

图 15-7　设置变量

03　添加交通信号灯程序　如图 15-8 所示，设置交通信号灯的初始化程序，使用循环结构编写。将接在管脚号为 8 的绿色 LED 设置为高电平，接在管脚号为 12 和 13 的黄色 LED 以及绿色 LED 设置为低电平。

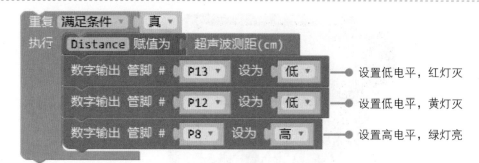

图 15-8　初始化交通信号灯程序

04 添加超声波传感器程序　按图 15-9 所示操作，使用选择结构编写程序。如果变量 Distance 的值小于或等于 20，绿色 LED 设置为低电平，然后黄色 LED 闪烁 2 秒，最后将红色 LED 设置为高电平，延迟 30 秒。

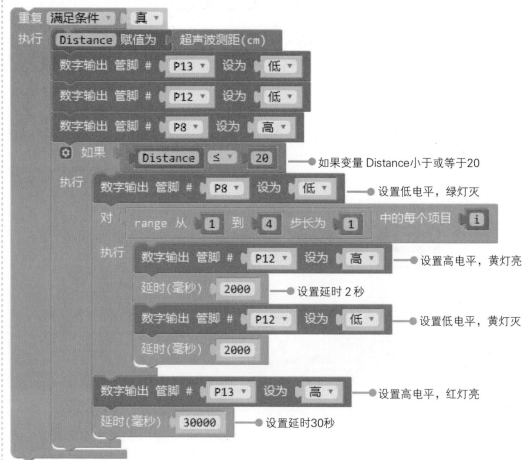

图 15-9　添加超声波传感器程序

05 上传和调试程序　将 Micro:bit 主板通过 USB 数据线与电脑相连，把编写好的程序上传到主板上，测试并调试程序。

制作外观装饰

使用纸板和雪糕棒，制作交通信号灯外观，将 LED 安装到外观上，再将交通信号灯和超声波传感器安装到 PVC 雪弗板上。

01　设计外观　拿出稿纸，设计作品外观，在纸上绘制出智能信号交通灯的外观结构，效果如图 15-10 所示。

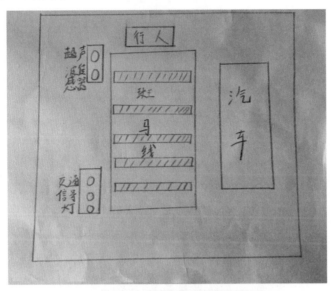

图 15-10　智能交通信号灯规划草图

02　交通信号灯外观制作　使用螺丝刀在纸板上钻出适合安放 LED 大小的洞，使用雪糕棒制作交通灯支柱，再使用工具制作出外观的其他部分，效果如图 15-11 所示。

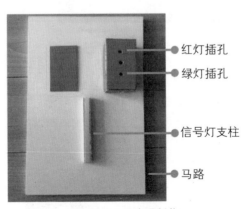

图 15-11　外观制作

03　安装 LED　将红、黄、绿 3 个 LED 插入洞中，并用热胶枪将其固定，效果如图 15-12 所示。

04　制作斑马线图案　用皮纹纸和胶带在 PVC 雪弗板上制作斑马线图案。

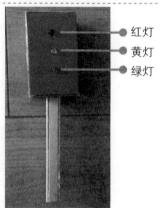

红灯

黄灯

绿灯

图 15-12　安装 LED

05　**固定交通信号灯**　用热胶枪将制作好的交通信号灯安装到 PVC 雪弗板相应位置上，效果如图 15-13 所示。

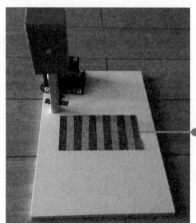

斑马线

图 15-13　固定交通信号灯

06　**固定其他部件**　先使用杜邦线将扩展板与超声波传感器相连，再把它们安装到作品中，作品完成，效果如图 15-14 所示。

图 15-14　固定其他部件

07　**测试案例**　打开扩展板电源开关，程序启动后，测试案例效果，根据实际情况调整外观设计和程序。

创意园

1. 实践体验

本案例的交通信号灯是使用红、黄、绿 3 个 LED 制作完成的，我们可不可以使用 1 个 RGB 三色 LED 来制作交通信号灯呢？请大家动手做一做吧！

2. 创意设计

如果以上任务你已经完成了，能否使用超声波传感器去设计制作一个智能墙角防撞系统呢？准备两个红色 LED，固定在墙角两边。当有人靠近墙角的一边时，相应墙角的红色 LED 点亮，发出警示；当人远离时，相应墙角的红色 LED 熄灭。展开想象的翅膀，发挥创意的潜能，赶快来动手试一试吧！

第 6 单元

红外检测真好玩

用遥控器控制电视，客人来了宾馆的门自动打开，手机可以打开空调，扫地机器人自动躲避障碍物等，同学们早就使用了红外传感器，只是你还没有了解它，下面我们就一起来探究红外传感器吧！

本单元我们选了 3 个生活中常见的物品，通过了解、规划、编程、美化等一系列活动，探究红外传感器的应用，并使用 Mixly 软件，自主编程、调试，完成案例的制作。

本单元内容

扫一扫，看视频

第16课　简易红外报警器

生活中有各种各样的报警器，用来在意外情况发生时，提醒人们注意。例如，小偷潜入仓库偷拿物品，警报响起，保安马上出现。想一想自己动手做一个简易的报警器，当你打开一个房子模型的门时，它就会发出报警声。

🧠 研究院

1. 头脑风暴

　　本例要制作简易报警器，房子模型的门是紧闭的，当打开它时，会亮起红色警示灯并发出报警的声音。在制作过程中，请思考下列问题，并将问题思考的结果填写在表 16-1 中。

表 16-1　问题与方案

要思考的问题	想解决的方案
用什么检测房子模型的门是否打开？	
选择的传感器如何与 Micro:bit 相连接？	
用什么积木能得到传感器的数据？	

2. 思路分析

　　检测门打开可以使用红外传感器。在程序的控制下，红外传感器检测工作流程如图 16-1 所示。

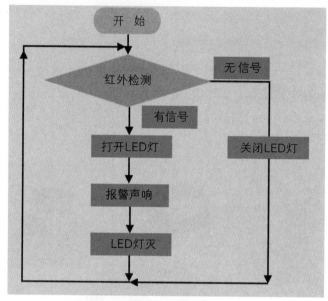

图 16-1　简易红外报警器工作流程

使用红外传感器制作报警器，首先要了解红外传感器，然后还需要了解用 Mixly 软件的什么积木来获取红外传感器收集的数据。

♡　**说一说**　生活中红外传感器应用很广，如图 16-2 所示的电视机遥控器、宾馆的自动门等，你能再举出一些红外线传感器的应用吗？

图 16-2　红外传感器的应用

♡　**想一想**　你能想到红外传感器的工作方式吗？请记在下面。等后面学习了，看看你想的对不对。

想
一
想

♡ **认一认** 要使用红外传感器，首先要认一认红外传感器，了解它的连接与工作方式，如图 16-3 所示。

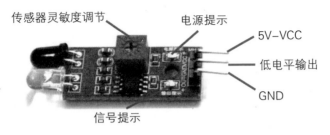

图 16-3　红外报警器模块

♡ **连一连** 分别找到扩展板上的 VCC 与 OUT，按图 16-4 中给出的样例连一连。

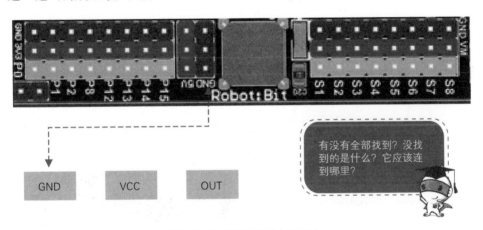

图 16-4　连接 VCC 与 OUT

♡ **试一试** 使用杜邦线将红外避障模块与 Micro:bit 扩展板相连，再试试其他的连接方法，并记下你的连接方法。

♡ **选一选** 制作此例，需要获取红外传感器的数据，请选一选可能要用到的积木指令，并说说各积木指令的功能。

□ 数字输出 管脚# `0 ▼` 设为 `高 ▼`

□ ⚙ 如果 执行

□ 数字输入 管脚# `P0 ▼`

□ 重复 `满足条件 ▼` 执行

□ 其他: _____

🌐 设计室

将红外传感器的 VCC、GND、OUT 分别与 Micro:bit 扩展板上的管脚相连，线路设计如图 16-5 所示。

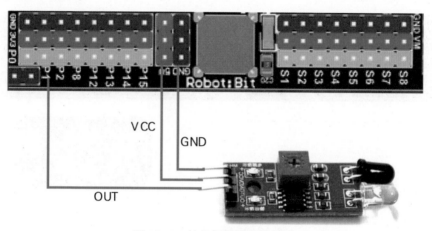

图 16-5 简易报警器电路规划

📖 材料间

本案例使用多种材料制作完成，具体内容如表 16-2 所示。赶快准备材料，一起来做一做吧！

表 16-2 制作材料清单

材料	数量	材料	数量
Micro:bit 主板	1 个	Micro:bit 扩展板	1 块
红外传感器模块	1 个	杜邦线	若干

🏛 实践区

要制作简易红外报警器，首先要连接硬件，再编写测试程序，然后上传程序，并调试完善程序功能。

连接电路

将 Micro:bit 主板与扩展板相互连接，再将红外传感器与扩展板相连。

01 连接主板　将 Micro:bit 主板插入扩展板中，含有按钮的一面朝外，效果如图 16-6 所示。

图 16-6　将主板插入扩展板中

02 连接红外传感器　将红外传感器的 3 个管脚，分别连接到扩展板上的 GND、VCC、P1 上，如图 16-7 所示。

图 16-7　连接红外传感器

03 测试红外传感器 红外传感器与扩展板连接后，接通电源，测试红外传感器，表 16-3 中分别列出了障碍物的位置、距离与材质，请测试结果并填入表格中。

表 16-3 测试红外传感器的性能

位置	距离	材质	能否检测到
前方	20cm	白色纸	
前方	20cm	黑色纸	
前方	10cm	白色纸	
前方	10cm	黑色纸	
上方	3cm	白色纸	
下方	3cm	黑色纸	

编写程序

根据流程图，使用 Mixly 软件控制 Micro:bit 的主板与扩展板发出报警声与红灯闪烁的效果。

01 设置重复条件 运行 Mixly 软件，设置程序重复执行条件，如图 16-8 所示。

图 16-8 设置重复条件

02 添加选择结构 添加条件判断语句，用于判断红外传感器检测到信号后的动作，如图 16-9 所示。

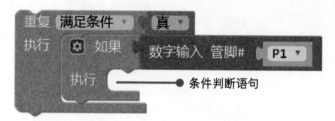

图 16-9 添加条件判断

03 设置显示屏初始状态 设置 Micro:bit 启动时显示的内容，如图 16-10 所示。

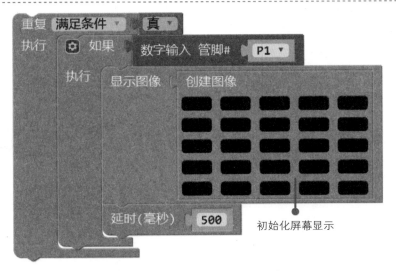

图 16-10　设置显示屏初始状态

04 **设置报警器触发时的状态** 添加红外传感器作为条件判断的依据，如图 16-11 所示。

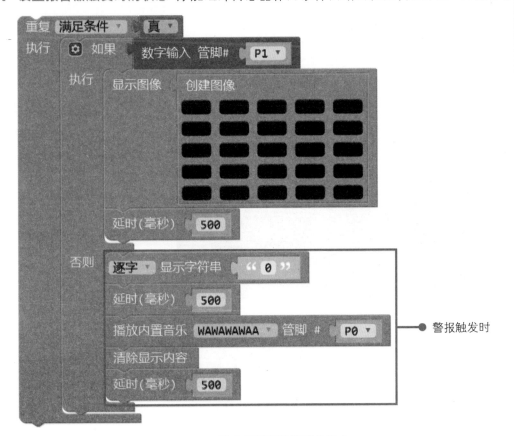

图 16-11　设置报警器触发时的状态

05 测试程序 用 USB 线把 Micro:bit 主板与电脑连接起来，上传程序成功后，测试并调试程序，效果如图 16-12 所示。

图 16-12 测试程序效果

知识窗

1. 红外传感器工作原理

红外传感器模块对环境光线的适应能力强，有一对红外线发射与接收管，发射管发射出一定频率的红外线，当检测方向遇到障碍物时，红外线反射回来被接收管接收，经过处理后绿色指示灯亮，同时信号输出接口输出数字（低电平信号）。

2. 红外传感器的连接与使用

将红外传感器连接到 Micro:bit 扩展板上，有多种连接方法，无论哪种连接方法都要注意，连接的管脚与在 Mixly 软件中编程使用时要一致，如图 16-13 所示的本例中连接的管脚是 P1，在调用时也要是管脚 P1。

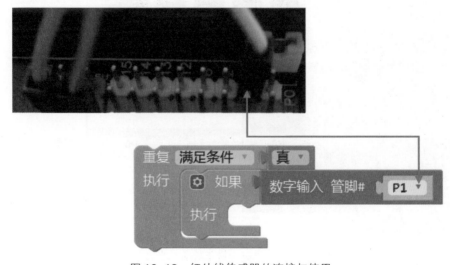

图 16-13 红外线传感器的连接与使用

💡 **创意园**

(1) 将本案例中的程序修改为如图 16-14 所示，先预测一下效果，再运行程序，验证是否与自己预测的一样。

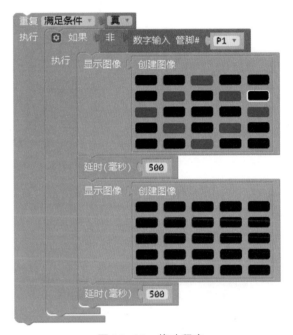

图 16-14　修改程序

(2) 为装饰简易报警器，可设计一个外观，请在下列框中绘制出简易效果图。

画
一
画

(3) 本例制作的是简易红外报警器，你能不能发挥自己的想象设计其他的报警器，如声音触发、温度触发。

第 17 课　开关随心小台灯

台灯是家中常用的电器，同学们做作业时，书桌上都会有台灯。使用 Micro:bit 制作一个智能小台灯，你不需要动手打开它，当你走到它的前面，它会马上自动为你打开。

扫一扫，看视频

研究院

1. 头脑风暴

本例要制作小台灯，当人走近时，它自动开灯，离开后自动关灯。在制作过程中，请思考下列问题，并将你思考的答案填写在表 17-1 中。

表 17-1　问题与方案

要思考的问题	想解决的方案
怎样将灯与 Micro:bit 相连接?	
怎样判断人站在灯的前面?	
Mixly 软件中用什么语句控制灯亮?	

2. 思路分析

控制灯的开关可以使用红外传感器。在程序的控制下，红外传感器检测人的到来，然后打开灯，其工作流程如图 17-1 所示。

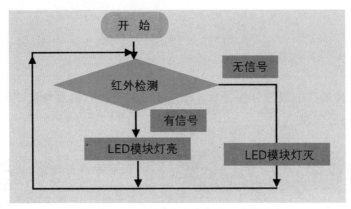

图 17-1　开关随心小台灯的工作流程

制作小台灯，需要用 Mixly 软件编写、上传程序，使用红外传感器检测信号，控制灯的打开或关闭。

♡ **说一说**　小台灯的样式很多，如图 17-2 所示，有按钮控制灯的开关的，有声音控制灯的开关的，你能说说自己使用的台灯是什么样的吗？

图 17-2　生活中常见的小台灯

♡ **看一看**　能与 Micro:bit 相连接的灯，不是普通的灯，如图 17-3 所示，认识一下这些灯，看的过程中请思考，自己选择什么样的灯。

高亮LED灯　　　　**LED灯模块**　　　　**变阻器**

图 17-3　选择能与 Micro:bit 相连接的灯

♡ **学一学**　上面列出的 LED 灯中，前两种使用时要用到变阻器改变电流强度，考虑使用方便，选择 LED 灯模块，如图 17-4 所示，一起来学一学它的用法。

图 17-4　LED 灯模块

123

💟 选一选 制作此例，需要采用选择结构、循环结构、红外传感器模块及 LED 灯模块，需要用到的积木也比较多，请在下列积木中选择需要使用的，并试用。

☐ 数字输出 管脚# 0▾ 设为 高▾   ☐ 数字输入 管脚# 0▾

☐ 如果 执行   ☐ 重复 满足条件▾ 执行

☐ **其他**：_____

🌐 设计室

1. 电路规划

将红外传感器的信号线与 Micro:bit 扩展板上的 P1 管脚相连，P1 管脚传回的数据，判断是否有人来到灯前，将 LED 灯模块的信号线与 Micro:bit 扩展板上的 P2 管脚相连，通过控制 P2 管脚，实现打开灯，电路规划如图 17-5 所示。

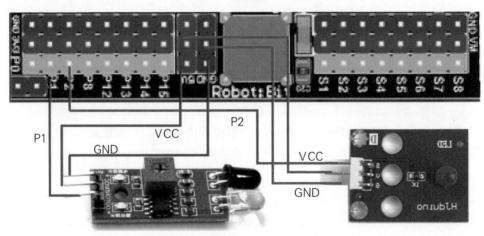

图 17-5　开关随心小台灯电路规划

2. 外观设计

小台灯通过红外传感器来控制 LED 模块灯的开启，要想有个美观一点的小台灯，需要设计自己喜欢的外观。

💟 画一画 对于案例的外观设计，你有什么样的构思，请画出来。

画
一
画

♡ **想一想** 你考虑过用旋钮、声音等控制点亮小台灯吗？想一想，如果使用旋钮或声音传感器等控制灯的亮与灭，该如何选择材料、设计外形？

材料间

1. 制作工具

剪刀、胶枪、铅笔、美工刀、彩笔。

2. 材料清单

本案例使用多种材料制作完成，具体内容如表 17-2 所示。赶快准备材料，一起来做一做吧！

表 17-2　制作材料清单

材料	数量	材料	数量
Micro:bit 主板	1 个	Micro:bit 扩展板	1 块
红外传感器	1 个	LED 灯模块	1 个
杜邦线	若干	彩纸	2 张

实践区

随心开关小台灯的制作步骤是首先完成电路的连接，然后编写、上传程序，最后进行合理的外观设计制作。

连接电路

将 Micro:bit 主板与扩展板相互连接，再将红外传感器、LED 灯模块与扩展板相连。

01 **连接主板** 将 Micro:bit 主板插入到扩展板中，含有按钮的一面朝外。

02 **连接红外传感器** 根据传感器上的提示，将红外传感器的 3 根线，分别连接到扩展板上的 GND、VCC、P1 管脚。

03 连接 LED 灯模块　将 LED 灯模块的 3 个管脚，分别连接到扩展板上的 GND、VCC、P2 管脚，如图 17-6 所示。

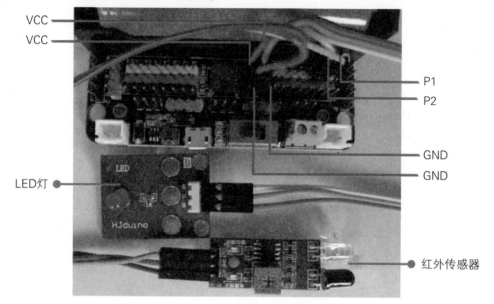

图 17-6　连接 LED 灯模块

编写程序

使用 Mixly 软件获取红外传感器数据，然后控制 LED 灯模块的开启与关闭。

01 初始化屏幕　运行 Mixly 软件，初始设置 Micro:bit 启动时显示"红心"，如图 17-7 所示。

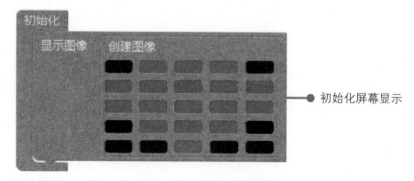

图 17-7　初始化屏幕显示

02 设置重复条件　按图 17-8 所示操作，设置程序重复执行条件。

重复执行条件

图 17-8　设置重复条件

03 添加条件判断　按图 17-9 所示操作，添加条件判断语句，用于判断红外传感器检测到信号后的动作。

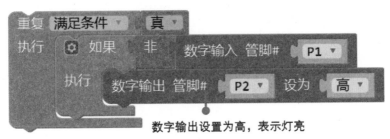

数字输出设置为高，表示灯亮

图 17-9　添加条件判断

04 调试程序　用 USB 线把 Micro:bit 主板和电脑连接起来，上传程序成功后，测试并调试程序。

制作外观装饰

用彩纸折成小台灯的灯罩，用铁丝盘成灯罩的骨架，再配上其他材料，美化小台灯的效果。

01 设计小台灯外观　为 LED 灯模块加上一个台灯罩，如图 17-10 所示，这样使小台灯更美观。

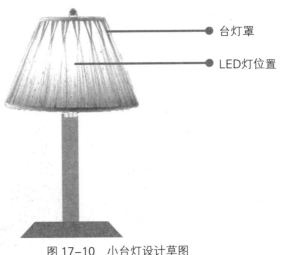

台灯罩

LED灯位置

图 17-10　小台灯设计草图

02 折纸法制作灯罩 用折纸法折出小台灯的灯罩，如图 17-11 所示。

图 17-11　折纸法制作灯罩

03 用铁丝制作灯罩骨架 如果想小台灯的灯罩更稳定，里面可以添加使用铁丝制作的灯罩骨架进行固定，效果如图 17-12 所示。

图 17-12　用铁丝制作灯罩骨架

04 完成小台灯的装饰 打开扩展板电源开关，程序启动后，测试案例效果，如图 17-13 所示，根据实际情况调整外观设计或程序。

图 17-13　完成小台灯的装饰

💡 **创意园**

(1) 测试程序，将本课案例中的程序修改成如图 17-14 所示，阅读下列程序，先自己预计一下运行结果，再运行验证自己猜测得是否正确。

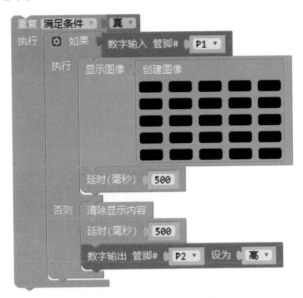

图 17-14　修改程序

(2) 完善程序，本例中只制作了当人站在小台灯前时，小台灯能自动点亮。你能编写程序，使人离开时关闭小台灯吗？

(3) 编写程序，选择如图 17-15 所示的旋钮模块，实现自己在"设计室"中使用旋钮、按钮材料设计的小台灯。

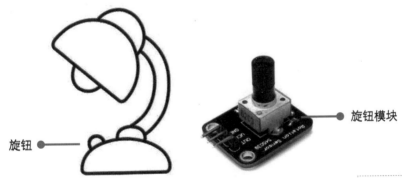

旋钮　旋钮模块

图 17-15　旋钮模块

第 18 课　智能开关小风扇

风扇是夏天常用的电器，大家都很熟悉，有各种各样的风扇。

扫一扫，看视频

运用 Micro:bit 制作一个小风扇，它能实现当你走到它的跟前，它会马上自动为你打开。

研究院

1. 头脑风暴

本例要制作风扇，当靠近它时，它自动打开。思考一下，在制作时你可能遇到的下列问题，并将思考的答案填写在表 18-1 中。

表 18-1　问题与方案

要思考的问题	想解决的方案
什么样的风扇能与 Micro:bit 连接？	
Micro:bit 怎样与风扇连接？	
如何获取人到来的信息？	

2. 思路分析

控制小风扇，需要用到风扇模块和红外传感器。在程序的控制下，红外传感器检测人的到来，风扇开启或关闭，其工作流程如图 18-1 所示。

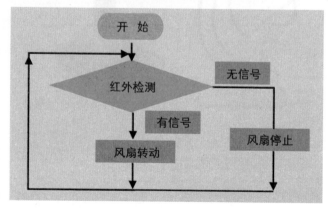

图 18-1　智能开关小风扇工作流程

制作自动小风扇，要先了解风扇，知道制作风扇需要的材料；再用 Mixly 软件编写、上传程序，使用红外传感器检测信号，控制风扇的打开或关闭。

♡　**说一说**　如图 18-2 所示是日常生活中的一些风扇，有旋钮开关的、有遥控的、有手动机械的。除了这些类型，你还能列举出一些有特点的小风扇吗？

图 18-2　常见小风扇

♡　**认一认**　本案例中使用的风扇与前面提到的风扇有区别，是 HJ-FAN 风扇模块，如图 18-3 所示，下面就一起来认一认吧！

GND　　P2　P1　　VCC

图 18-3　风扇模块

♡　**选一选**　制作此例，需要采用选择结构、循环结构编写程序，请选一选可能要用到的积木指令，并说说各积木指令的功能。

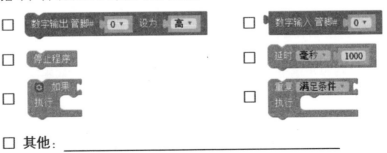

☐ **其他**：_____

设计室

1. 电路规划

将红外传感器的信号线与 Micro:bit 扩展板上的 P1 管脚相连，通过控制 P1 管脚，感知人是否靠近风扇；将 HJ-FAN 风扇模块的信号线与 Micro:bit 扩展板上的 P2 管脚相连，当人靠近风扇时，启动 P2 管脚的风扇，如图 18-4 所示。

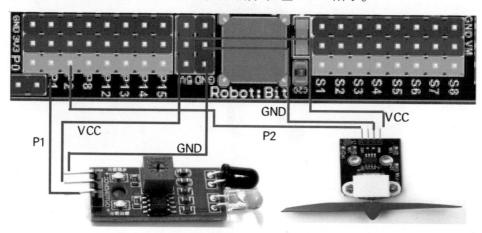

图 18-4　自动开关小风扇电路规划

2. 外观设计

小风扇由红外传感器、HJ-FAN 风扇模块、杜邦线、Micro:bit 主板及扩展板等组成，要合理安排它们的位置，做出造型好看的小风扇。

♡　画一画　对于小风扇的外观设计，你有什么样的构思，请画出来。

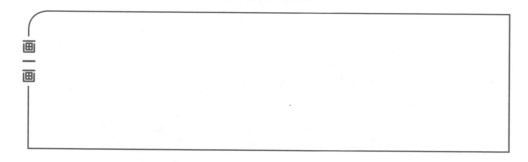

♡　想一想　你考虑过用按钮、遥控器来控制小风扇的开关吗？如果想试试，请简单写出你的方案。

想
一
想

_____

_____

_____

材料间

1. 制作工具

剪刀、胶枪、铅笔、美工刀、彩笔。

2. 材料清单

本案例使用多种材料制作完成，具体内容如表 18-2 所示。赶快准备材料，一起来做一做吧！

表 18-2　制作材料清单

材料	数量	材料	数量
Micro:bit 主板	1 个	Micro:bit 扩展板	1 块
红外传感器	1 个	HJ-FAN 风扇模块	1 块
杜邦线	若干	1mm 纸板	2 张

实践区

准备好材料后，就可以开始制作自动开关小风扇了，首先要完成电路的连接，然后编写、上传程序，实现电风扇的功能，最后进行外观设计，美化装饰小风扇。

连接电路

将 Micro:bit 主板与扩展板相互连接，再将红外传感器、风扇模块与扩展板连接。

01 连接主板　将 Micro:bit 主板插入扩展板中，含有按钮的一面朝外。

02 连接红外传感器　将红外传感器的 3 根线分别连接到扩展板上的 GND、VCC、P1 管脚。

03 连接 HJ-FAN 风扇　将 HJ-FAN 风扇模块的 3 个管脚分别连接到扩展板上的 GND、VCC、P2 管脚，如图 18-5 所示。

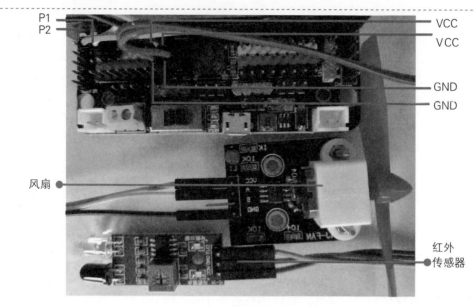

图 18-5　连接 HJ-FAN 风扇

编写程序

通过红外传感器触发，当人靠近风扇时，红外传感器触发，打开风扇。

01 初始设置　运行 Mixly 软件，选择主板"Micro:bit[js]"。

02 设置重复条件　设置程序重复执行条件，如图 18-6 所示。

图 18-6　设置重复条件

03 编写风扇启动脚本　编写如图 18-7 所示的脚本，使 P1 管脚的红外传感器被触发时，P2 管脚所接的风扇启动。

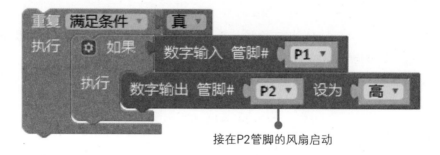

图 18-7　编写风扇启动脚本

04 复制脚本 按图 18-8 所示操作，复制脚本。

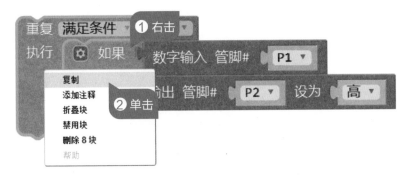

图 18-8　复制脚本

05 修改脚本 按图 18-9 所示操作，修改脚本，使 P1 管脚的红外传感器不被触发时，P2 管脚所接的风扇停止转动。

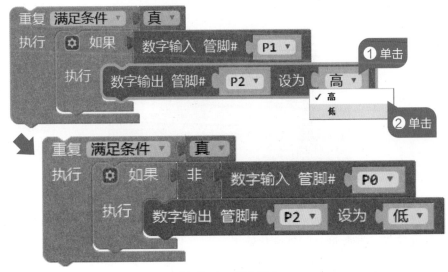

图 18-9　修改脚本

06 调试程序 用 USB 线把主板和电脑连接起来，上传程序成功后，测试并调试程序。

制作外观装饰

　　为了小风扇的外形美观、安全，可以更换扇叶、为风扇添加装饰物等，达到美化的作用。

01 设计小风扇的外观 在纸板上用笔画出风扇的草图，如图 18-10 所示，在制作时要注意各部分的比例，这样作品才更加美观。

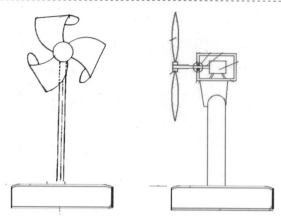

图 18-10   自动开关小风扇设计草图

02 **更换风扇叶片**   原本 HJ-FAN 风扇模块使用的叶片如图 18-11 左侧所示，因叶片边缘薄且锋利，使用起来不安全，可以更换为右侧圆形的扇叶。

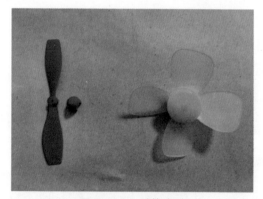

图 18-11   更换扇叶

03 **添加装饰**   如图 18-12 所示的风扇效果比较粗糙、单调，可为 Micro:bit 主板及扩展板外面添加一些装饰，起到美化效果。

图 18-12   添加装饰

04 测试案例　打开扩展板电源开关，程序启动后，测试案例效果，根据实际情况调整外观设计或程序。

🔆 创意园

(1) 测试程序，阅读如图 18-13 所示的程序，先自己预计一下运行结果，再运行验证自己猜测得是否正确。

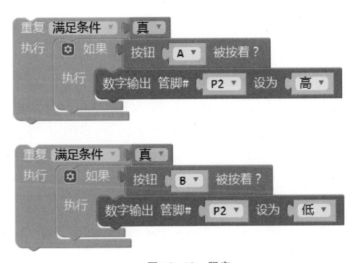

图 18-13　程序

(2) 修改程序，修改本课中的案例，我们夏季常用的风扇通常是按钮控制的，使用如图 18-14 所示的按钮，制作能使用按钮控制的风扇。

图 18-14　按键模块

(3) 编写程序，想一想，如果想设计一款使用红外遥控的风扇，需要什么材料，如何完成硬件搭建，最后编程实现。

第 7 单元

小小舵机本领大

本单元以舵机传感器为主要探索内容，带领大家用 Micro:bit 控制舵机传感器，渗透编程思维训练，为后面更复杂的案例制作做好铺垫。

本单元选择大家熟透的内容作为案例的主要内容，设计了 3 个作品。通过设计规划、动手做一做等，探究舵机传感器的功能及应用，掌握运用 Mixly 软件，自主编程、调试，完成案例的制作。

 本单元内容

第 19 课　争霸石头剪刀布

石头、剪刀、布是大家十分喜爱的游戏，可以 2 人玩，也可以 3 人玩，不需要借助任何工具，一人一只手就可以玩半天。现在我们可以和机器比试比试，看看是你厉害，还是机器厉害。

扫一扫，看视频

研究院

1. 头脑风暴

本例要制作随机举起石头、剪刀和布的手势，实现与玩家的互动。思考一下，在制作过程中，谁随机举起石头、剪刀和布的手势？ Micro:bit 主板的哪些端口控制手势的举起与落下？将你思考的答案填写在表 19-1 中。

表 19-1　问题与方案

要思考的问题	想解决的方案
使用什么传感器举起手势？	
Micro:bit 的哪些端口与传感器连接？	

2. 思路分析

制作举起石头、剪刀、布的手势效果，需要用到舵机传感器。在程序的控制下，随机选择舵机，举起相应的手势。例如，1 号舵机举起 90°，石头手势被举起，与玩家互动……其工作流程如图 19-1 所示。

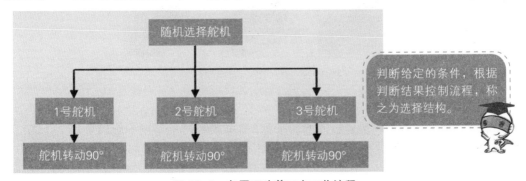

判断给定的条件，根据判断结果控制流程，称之为选择结构。

图 19-1　争霸石头剪刀布工作流程

同学们的想法很多，用纸板制作模型；用 Mixly 软件编写、上传程序，使 3 只舵机随机举起和落下。

♡ 说一说 3 只舵机的顺序可以调换吗？说说你的想法。

♡ 选一选 制作此例，需要采用选择结构编写程序，请选一选可能要用到的积木指令，并说说各积木指令的功能。

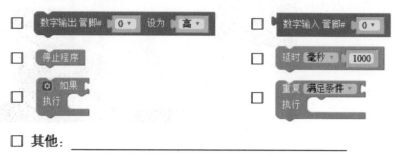

☐ 其他：_____

设计室

1. 电路规划

将舵机的黄色信号线分别与 Micro:bit 扩展板中的 P0、P1、P2 管脚相连，通过控制 P0、P1、P2 管脚，使相对应的舵机旋转 90°，实现手势的举起，如图 19-2 所示。

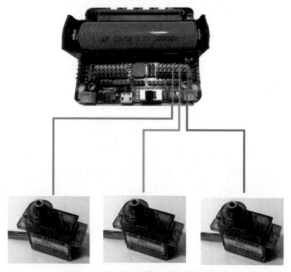

图 19-2　石头剪刀布电路规划

2. 外观设计

石头、剪刀和布的手势通过传感器举起，舵机传感器能够精确旋转至 0°~180°，使用舵机能够让手势举起 90°，用以表示出拳。只需安排好舵机和主板的位置，就可以完成作品。

♡　**画一画**　对于案例的外观设计，你有什么样的构思，请画出来。

♡　**想一想**　你考虑过用超声波传感器来感应参与者的手势吗？又或者是红外传感器来感应参与者的手势？

材料间

1. 制作工具

剪刀、胶枪、铅笔、美工刀、彩笔。

2. 材料清单

本案例使用多种材料制作完成，具体内容如表 19-2 所示。赶快准备材料，一起来做一做吧！

表 19-2　**制作材料清单**

材料	数量	材料	数量
Micro:bit 主板	1 个	Micro:bit 扩展板	1 块
舵机传感器	3 个	杜邦线	若干
1mm 纸板	3 张		

实践区

争霸石头剪刀布的制作步骤是首先完成电路的连接，然后编写、上传程序，最后进行合理的外观设计制作，并把硬件固定在盒子里。

---- **了解舵机**

它是一种位置伺服驱动器，可以按照一定的角度旋转，控制相对精确，使用范围较广。

01　认识各种各样的舵机　根据不同的工作需求，舵机分为电动舵机和液压舵机，如图 19-3 所示。

电动舵机

液压舵机

图 19-3　不同类型的舵机

02　了解电动舵机　电动舵机一般有 3 根线——褐色线、红色线和橙色线，分别对应 GND、VCC 和信号线，如图 19-4 所示。

图 19-4　电动舵机示意

连接电路

将 Micro:bit 主板与扩展板相互连接，再将 3 只舵机的线路与扩展板相连。

01　连接 Micro:bit 主板　将 Micro:bit 主板插入扩展板中，含有按钮的一面朝外，如图 19-5 所示。

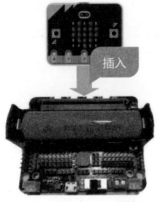
插入

连接效果

图 19-5　连接 Micro:bit 主板与扩展板

02 连接舵机　将舵机的褐、红、橙 3 根线，分别连接到扩展板中的 GND、VCC、P0、P1、P2 管脚，如图 19-6 所示。

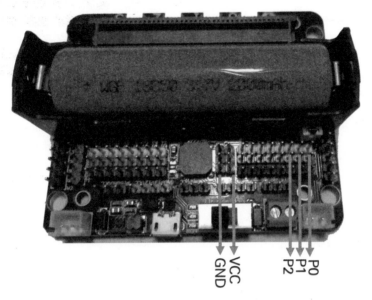

图 19-6　连接舵机到扩展板

编写程序

使用舵机脚本，通过 Micro:bit 的按钮触发，实现对 3 只舵机的随机控制，实现人机互动。

01 初始设置　运行 Mixly 软件，按图 19-7 所示操作，声明变量和初始化屏幕显示内容。

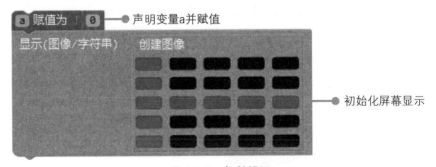

图 19-7　初始设置

02 变量赋值　单击 传感器 模块，按图 19-8 所示操作，设置 Micro:bit 主板上的 A 按钮被按下时，变量随机赋值。

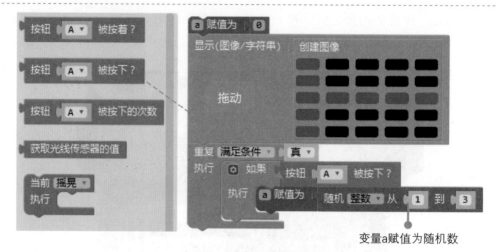

变量a赋值为随机数

图 19-8　变量赋值

03 添加舵机程序　按图 19-9 所示操作，设置当随机数为 1 时，1 号舵机旋转 90°，举起石头的手势。

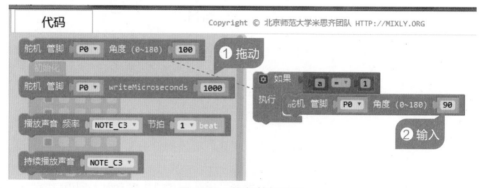

图 19-9　添加舵机程序

04 完成舵机程序　继续设置舵机程序，实现手势的举起与落下，如图 19-10 所示。

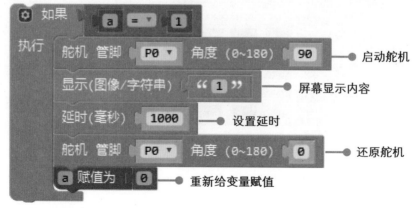

图 19-10　完成舵机程序

05 **完成其他舵机程序**　使用同样的方法，将 2 号舵机的管脚设置为 P1，将 3 号舵机的管脚设置为 P2，如图 19–11 所示。

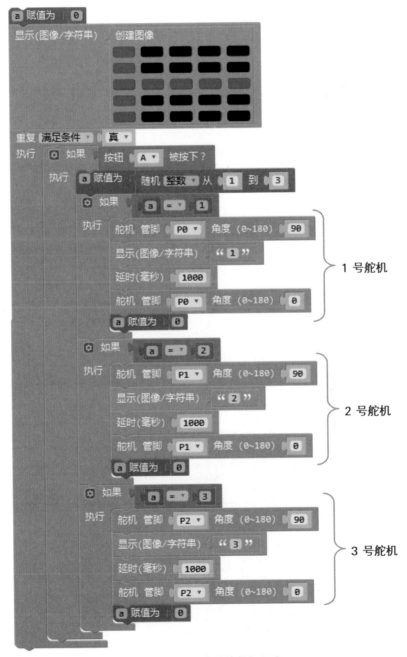

图 19–11　完成其他舵机程序

06 **调试程序**　用 USB 线把主板和电脑连接起来，上传程序成功后，按下 A 按钮，测试并调试程序。

制作外观装饰

使用 1mm 厚的纸板，制作案例的外观，将主板和传感器安装到外观上。

01 设计底座 拿出纸板，在纸板上用笔划出要制作的底座，如图 19-12 所示。

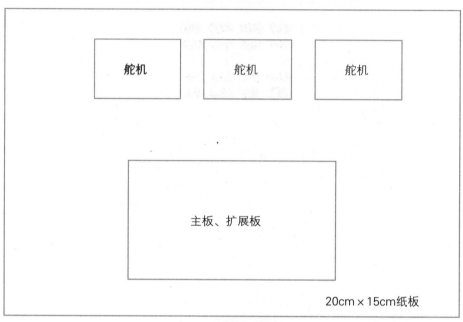

图 19-12　设计底座

02 粘贴底座 使用胶枪，将底座的四边高与底板连接，将底座的上方面板安装到底座上，完成底座的制作，效果如图 19-13 所示。

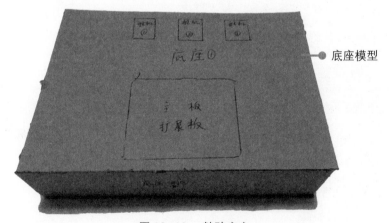

图 19-13　粘贴底座

03 安装舵机 使用胶枪将舵机安装到底座上，效果如图 19-14 所示。

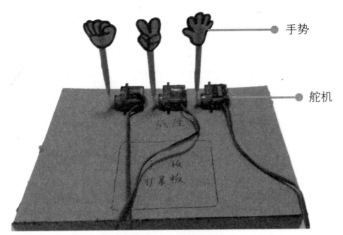

图 19-14　安装舵机

04　**安装主板**　将安装好的主板与扩展板，安装到底座上，并将杜邦线缠绕放好，效果如图 19-15 所示。

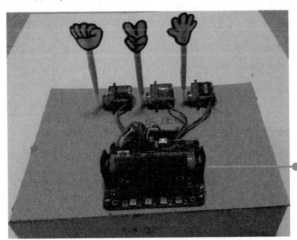

图 19-15　安装主板

05　**测试案例**　打开扩展板电源开关，程序启动后，按下 Micro:bit 主板上的 A 按钮，测试案例效果。

创意园

(1) 阅读如图 19-16 所示的程序，先自己预计一下运行结果，再编写程序，验证自己猜测得是否正确。

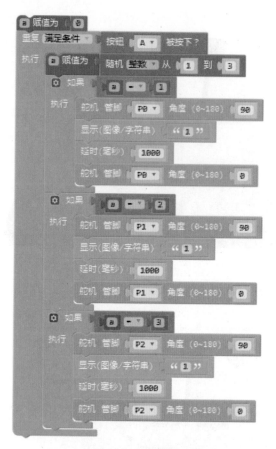

图 19-16　程序

(2) 想一想，运用舵机传感器还可以制作哪些作品？请编写程序，自己设计并制作吧！

第 20 课　人见人爱招财猫

　　招财猫由来已久，起源于 1000 多年前，常见的猫形偶像摆设，被视为一种招财招福的吉祥物。其中一手高举至头顶，做出向人招来的手势。一般招财猫举左手表示招福；举右手则寓意招财；两只手同时举起，就代表"财"和"福"一起到来的意思。

扫一扫，看视频

研究院

1. 头脑风暴

　　本例要制作招财猫，实现猫的一只手臂来回摆动。思考一下，在制作过程中，用什么传感器来控制手臂的来回摆动？ Micro:bit 主板的哪些端口与传感器连接？将你思考的答案填写在表 20-1 中。

表 20-1　**问题与方案**

要思考的问题	想解决的方案
使用什么传感器控制手臂的摆动？	
Micro:bit 的哪些端口与传感器连接？	

2. 思路分析

　　控制招财猫手臂的来回摆动，需要用到舵机传感器。在程序的控制下，舵机来回转动，带动手臂摆动。其工作流程如图 20-1 所示。

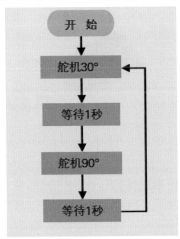

图 20-1　人见人爱招财猫工作流程

　　同学们的想法很多，用纸板制作招财猫的模型；用 Mixly 软件编写、上传程序，控制舵机来回摆动。

♡　说一说　舵机传感器可以替换掉吗？说说你的想法。

♡　选一选　制作此例，需要采用循环结构编写程序，请选一选可能要用到的积木指令，并说说各积木指令的功能。

　　□ 数字输出 管脚# [0▾] 设为 [高▾]　　　□ 数字输入 管脚# [0▾]

　　□ 停止程序　　　　　　　　　　　　　□ 延时 [毫秒▾] [1000]

　　□ 如果 执行　　　　　　　　　　　　□ 重复 [满足条件▾] 执行

　　□ **其他**：_____

 设计室

1. 电路规划

将舵机的橙色信号线与 Micro:bit 扩展板上的 P0 管脚相连，通过控制 P0 管脚，使舵机在 30°~90° 间来回旋转，实现手臂的摆动，如图 20-2 所示。

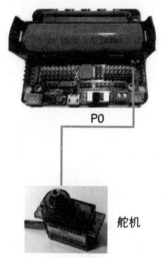

P0

舵机

图 20-2 人见人爱招财猫电路规划

2. 外观设计

招财猫的手臂通过传感器来回摆动，舵机传感器能够精确旋转至 0°~180°，使用舵机让手臂在 30°~90° 之间来回摆动。只需安排好舵机和主板的位置，就可以完成作品。

♡ 画一画 对于案例的外观设计，你有什么样的构思，请画出来。

画一画

♡ 想一想 你考虑过用电机来控制手臂吗？

材料间

1. 制作工具

剪刀、胶枪、铅笔、美工刀、彩笔。

2. 材料清单

本案例使用多种材料制作完成，具体内容如表 20-2 所示。赶快准备材料，一起来做一做吧！

表 20-2　制作材料清单

材料	数量	材料	数量
Micro:bit 主板	1 个	Micro:bit 扩展板	1 块
舵机传感器	1 个	杜邦线	若干
1mm 纸板	1 张		

实践区

人见人爱招财猫的制作步骤是首先完成电路的连接，然后编写、上传程序，最后进行合理的外观设计制作。

连接电路

将 Micro:bit 主板与扩展板相互连接，再将舵机传感器与扩展板相连。

01 连接 Micro:bit 主板　将 Micro:bit 主板插入到扩展板中，含有按钮的一面朝外，如图 20-3 所示。

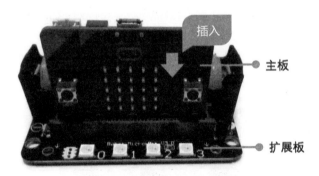

图 20-3　连接 Micro:bit 主板与扩展板

02 连接舵机　将舵机的褐、红、橙 3 根线，分别连接到扩展板中的 GND、VCC、P0 管脚，如图 20-4 所示。

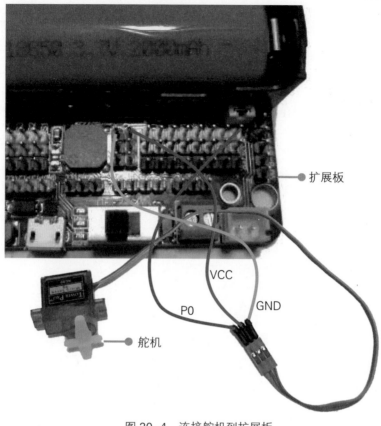

图 20-4　连接舵机到扩展板

编写程序

　　使用舵机脚本，通过 Micro:bit 的按钮触发，实现对舵机传感器的控制，实现手臂的摆动。

01　初始设置　运行 Mixly 软件，设置屏幕初始显示内容，如图 20-5 所示。

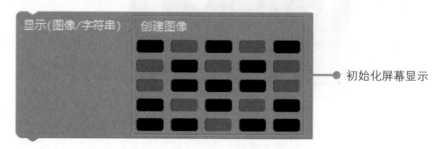

图 20-5　初始设置

02　添加循环程序　按图 20-6 所示操作，添加重复命令并设置满足条件为 Micro:bit 主板上的 A 按钮被按下时。

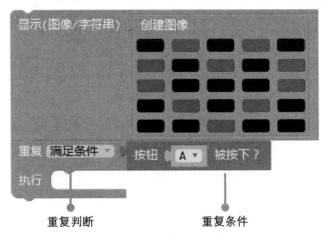

重复判断　　　　　　重复条件

图 20-6　添加循环程序

03 设置舵机程序　继续设置舵机程序，实现手臂的来回摆动，如图 20-7 所示。

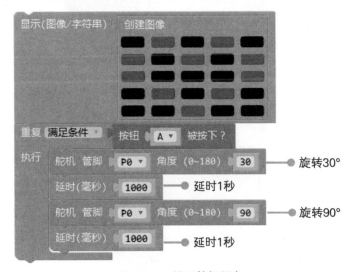

旋转30°

延时1秒

旋转90°

延时1秒

图 20-7　设置舵机程序

04 调试程序　用 USB 线把主板和电脑连接起来，上传程序成功后，按下 A 按钮，测试并调试程序。

制作外观装饰

使用 1mm 厚的纸板，制作案例的外观，传感器安装到外观上，并使之能前后摆动。

01 设计招财猫　拿出纸板，在纸板上用笔绘制招财猫，并使用彩笔涂上颜色，使其形象可爱。

02 裁剪招财猫　使用剪刀，将设计好的招财猫裁剪出来，并粘贴到 1mm 的纸板上。

03 制作手臂　使用同样的方法，制作招财猫的手臂，注意手臂的大小与招财猫成比例。

04 安装舵机　按照图 20-8 所示操作，使用胶枪将舵机安装到招财猫的背面。

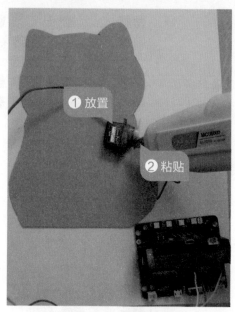

图 20-8　安装舵机

05 安装支架　制作支架，使用胶枪将其与招财猫连接，使招财猫能够竖立起来，效果如图 20-9 所示。

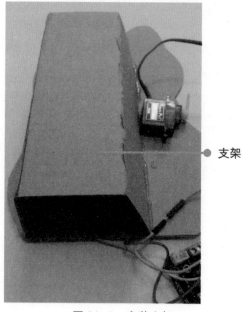

图 20-9　安装支架

06 测试案例　打开扩展板电源开关，程序启动后，按下 Micro:bit 主板上的 A 按钮，测试案例，效果如图 20-10 所示。

图 20-10　测试案例

💡 创意园

(1) 阅读如图 20-11 所示的程序，先自己预计一下运行结果，再运行验证自己猜测得是否正确。

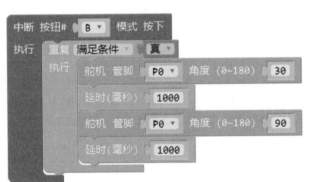

图 20-11　程序

(2) 想一想，运用舵机传感器还可以制作哪些作品？请编写程序，自己设计并制作吧！

第 21 课　聪明伶俐自动门

门，大家都很熟悉，一般使用钥匙或旋转把手才能打开，走过以后还要用力将其关上。运用 Micro:bit 制作一扇门，它聪明伶俐，

扫一扫，看视频

155

不需要你去打开它，当你走到它的跟前，它会马上自动为你打开。想一想，要是家里的门有这么聪明该多好啊！

研究院

1. 头脑风暴

本例要制作聪明伶俐的门，当人走近时，它自动打开，一会儿后又自动关上。思考一下，在制作过程中，用什么传感器来控制门的开与关？用什么传感器来检测人的到来？Micro:bit 主板的哪些端口控制传感器？将你思考的答案填写在表 21-1 中。

表 21-1 **问题与方案**

要思考的问题	想解决的方案
使用什么传感器控制门的开与关？	
使用什么传感器检测人的到来？	
Micro:bit 哪些端口与传感器连接？	

2. 思路分析

控制自动门，需要用到舵机传感器和红外传感器。在程序的控制下，红外传感器检测人的到来，舵机打开或关闭门，其工作流程如图 21-1 所示。

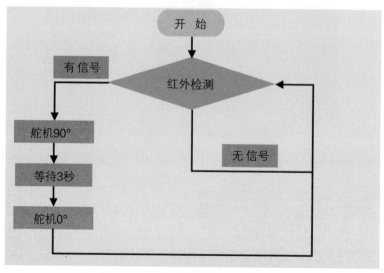

图 21-1 聪明伶俐自动门工作流程

同学们的想法很多，用纸板制作自动门；用 Mixly 软件编写、上传程序，使用红外传感器检测信号，控制舵机打开或关闭门。

♡　说一说　红外传感器可以替换掉吗？说说你的想法。

♡　选一选　制作此例，需要采用选择结构编写程序，请选一选可能要用到的积木指令，并说说各积木指令的功能。

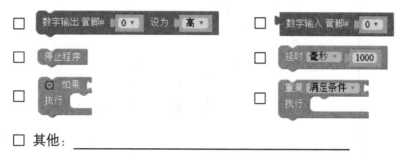

□　其他：_____

🌐 设计室

1. 电路规划

将舵机的橙色信号线与 Micro:bit 扩展板中的 P0 管脚相连，通过控制 P0 管脚，使舵机在 0°~90° 间来回旋转，实现门的开关；将红外传感器的信号线与 Micro:bit 扩展板中的 P1 管脚相连，P1 管脚传回数据，判断是否有人来到门前，如图 21-2 所示。

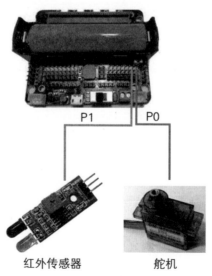

图 21-2　聪明伶俐自动门电路规划

2. 外观设计

自动门通过传感器来控制开启与关闭，舵机传感器能够精确旋转 0° ~180° ，使用舵机控制门的旋转。只需安排好舵机和主板的位置，就可以完成作品。下面我们简单规划，设计并绘制了作品草图，如图 21-3 所示。

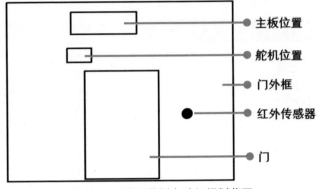

图 21-3 聪明伶俐自动门规划草图

♡ **画一画** 对于案例的外观设计，你有什么样的构思，请画出来。

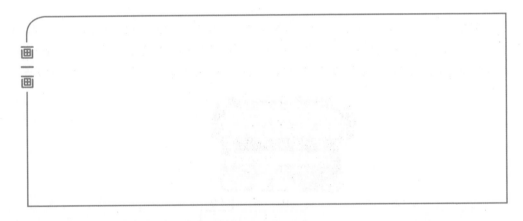

画一画

♡ **想一想** 你考虑过用超声波来检测是否有人来到门前，想一想，该如何实现？

📖 材料间

1. 制作工具

剪刀、胶枪、铅笔、美工刀、彩笔。

2. 材料清单

本案例使用多种材料制作完成，具体内容如表 21-2 所示。赶快准备材料，一起来做一做吧！

表 21-2　制作材料清单

材料	数量	材料	数量
Micro:bit 主板	1 个	Micro:bit 扩展板	1 块
舵机传感器	1 个	红外传感器	1 个
杜邦线	若干	1mm 纸板	2 张

🏛 实践区

聪明伶俐自动门的制作步骤是首先完成电路的连接，然后编写、上传程序，最后进行合理的外观设计制作，并把硬件与外观固定。

连接电路

将 Micro:bit 主板与扩展板相互连接，再将舵机传感器、红外传感器与扩展板相连。

01 **连接主板** 将 Micro:bit 主板插入扩展板中，含有按钮的一面朝外。

02 **连接舵机** 将舵机的褐、红、橙 3 根线，分别连接到扩展板中的 GND、VCC、P0 管脚，如图 21-4 所示。

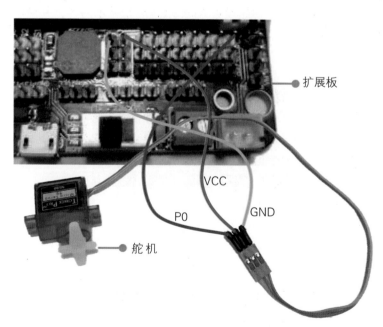

图 21-4　连接舵机到扩展板

03 **连接红外传感器** 将红外传感器的 3 个管脚，分别连接到扩展板中的 GND、VCC、P1 管脚，如图 21-5 所示。

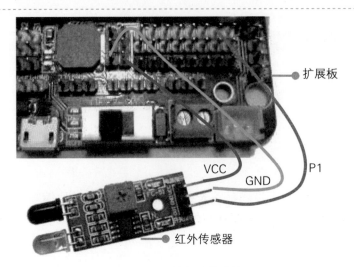

图 21-5　连接红外传感器

编写程序

使用舵机脚本，通过红外传感器触发，舵机传感器控制门的开启与关闭。

01 初始设置　运行 Mixly 软件，初始设置 Micro:bit 启动显示内容，并声明变量和设置舵机起始位置，如图 21-6 所示。

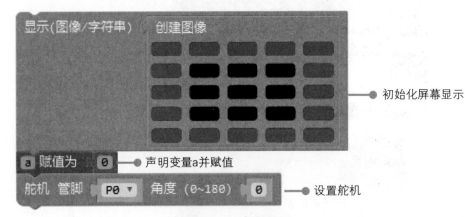

图 21-6　初始设置

02 设置重复条件　按图 21-7 所示操作，设置程序重复执行条件。

图 21-7　设置重复条件

03 添加条件判断 按图 21-8 所示操作，添加条件判断语句，用于判断红外传感器检测到信号后的动作。

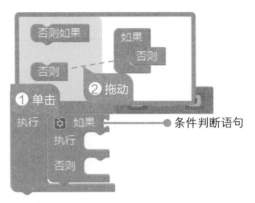

图 21-8 添加条件判断

04 设置条件 单击"输入/输出"模块，按图 21-9 所示操作，添加红外传感器作为条件判断的依据。

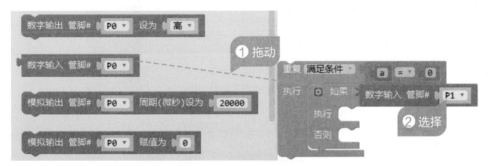

图 21-9 设置判断的条件

05 设置舵机程序 单击"输入/输出"模块，按图 21-10 所示操作，添加舵机程序。

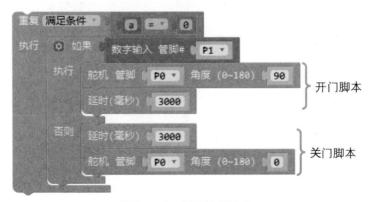

图 21-10 设置舵机程序

06 调试程序 用 USB 线把主板和电脑连接起来，上传程序成功后，测试并调试程序。

制作外观装饰

使用 1mm 厚的纸板，制作案例的外观，传感器安装到外观上，并使门能够开启和关闭。

01 设计自动门　拿出纸板，在纸板上用笔画出作品的线条，注意尺寸的比例要协调，这样作品才更加美观。

02 裁剪作品　使用剪刀，将设计好的门、门框等裁剪出来，以备制作时需要。

03 粘贴纸板　将裁剪好的纸板，根据设计图纸，按图 21-11 所示操作，将它们粘贴起来。

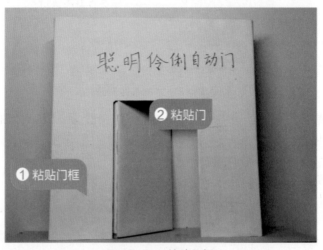

图 21-11　粘贴纸板

04 安装舵机　使用胶枪，按图 21-12 所示操作，将舵机安装到自动门的背面。

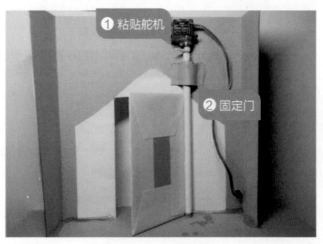

图 21-12　安装舵机

05 安装其他部件　按图 21-13 所示操作，将主板和红外传感器安装到作品中。

06 测试案例　打开扩展板电源开关，程序启动后，测试案例效果，根据实际情况调整外观设计或程序。

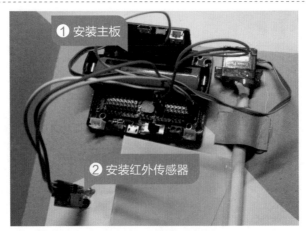

图 21-13　安装其他部件

创意园

(1) 小明同学在制作案例时，设置舵机角度如图 21-14 所示，上传程序后，与老师制作的效果一致，想一想，这是怎么回事？

图 21-14　程序 1

(2) 阅读如图 21-15 所示的程序，先自己预计一下运行结果，再运行验证自己猜测得是否正确。

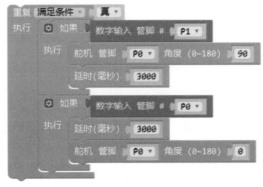

图 21-15　程序 2

第8单元

扩展功能巧应用

  Micro:bit 的扩展功能可以实现酷炫的小发明，无论是机器人还是乐器，没有做不到只有想不到。本单元探究 Micro:bit 在声音、传感器和电机方面的扩展功能，渗透编程思维训练。

  本单元选择大家熟悉的情境作为案例的主要内容，设计了 3 个作品。通过设计规划、动手做一做等，探究部分主板集成的传感器的功能及应用，掌握使用 Mixly 软件，自主编程、调试，完成案例的制作。

本单元内容

第 22 课　特制生日音乐盒

扫一扫，看视频

　　探究 Micro:bit 音乐模块的扩展应用，制作生日音乐盒。当打开生日贺卡时，自动播放生日音乐，显示屏幕上红星闪闪，庆祝小主人生日快乐，是不是很有趣？赶快来一起制作并玩一玩吧！

研究院

1. 头脑风暴

　　本例要制作生日音乐盒，当打开音乐盒时，自动播放生日音乐，为小寿星庆祝生日。想一想，它是如何播放音乐的？将你思考的答案填写在表 22-1 中。

表 22-1　问题与方案

要思考的问题	想解决的方案
如何设定播放音乐的时间？	
本案例可以使用哪种传感器？	

2. 思路分析

　　制作生日音乐盒，需要用到 Micro:bit 主板中的光线传感器。在程序的控制下，光线传感器检测光线，当打开音乐盒时，光线传感器检测到光线变强，播放设定的音乐。其工作流程如图 22-1 所示。

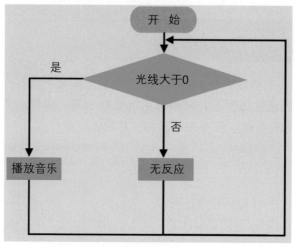

图 22-1　生日音乐盒工作流程

使用 Mixly 软件编写、上传程序，让主板中光线传感器检测环境中的光线值，不同的光线值执行不同的程序。

♡　**说一说**　本案例是如何实现打开音乐盒，自动播放生日音乐的？

♡　**选一选**　制作此例，需要采用选择结构编写程序，请选一选可能要用到的积木指令，并说说各积木指令的功能。

☐　其他：＿＿＿＿＿＿＿＿＿＿＿＿＿＿＿＿＿＿＿＿＿＿＿＿

设计室

1. 电路规划

本案例运用 Micro:bit 主板自带的光线传感器，使用时只需将 Micro:bit 主板与扩展板连接，打开扩展板的电源开关即可。

2. 外观设计

生日音乐盒在外形设计上既要实现相应的功能，又要保证外观上的美感。设计时，可以借鉴生日贺卡的设计，也可以参考生日礼盒的造型。

♡　**画一画**　对于案例的外观设计，你有什么样的构思，请画出来。

画
一
画

♡ 想一想　本案例可以设计成生日贺卡吗？为什么？

🏛 实践区

在制作生日音乐盒时，首先是完成电路的连接，然后编写、上传程序，最后进行合理的外观设计制作，并把硬件固定在盒子里。

检测光线

Micro:bit 主板中的光线传感器，用于检测环境中的光线值，为制作生日音乐盒做准备。

01　连接 Micro:bit 主板　将 USB 数据线与 Micro:bit 主板连接，并将数据线另一头与计算机连接。

02　添加变量　运行 Mixly 软件，单击 🔷 变量模块，按图 22-2 所示操作，添加变量。

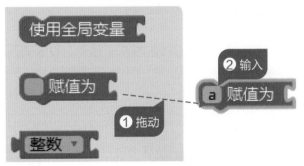

图 22-2　添加变量

03　获取光线数值　单击 🔘 传感器模块，将 获取光线传感器的值 指令添加到变量中，给变量赋值，如图 22-3 所示。

04　上传程序　单击 上传 按钮，将程序上传到 Micro:bit 主板中。

05　检测光线　上传程序后，屏幕显示当前环境中的光线值，记录数值，为下一步做准备。

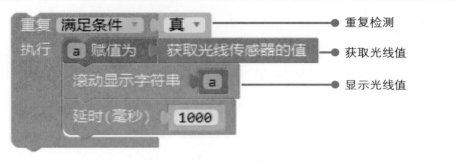

图 22-3　获取光线数值

编写程序

重复检测环境中的光线值，当光线变亮时，执行设定的程序，实现案例效果。

01 添加判断 单击 🎮 **控制** 模块，按图 22-4 所示操作，添加条件判断。

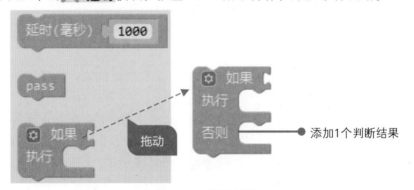

图 22-4　添加判断

02 设置条件 单击 ⚙ **传感器** 模块，按图 22-5 所示操作，设置判断条件。

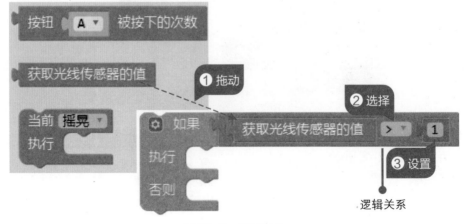

图 22-5　设置条件

03 添加音乐　单击 🔍 执行器模块，按图 22-6 所示操作，添加要播放的音乐。

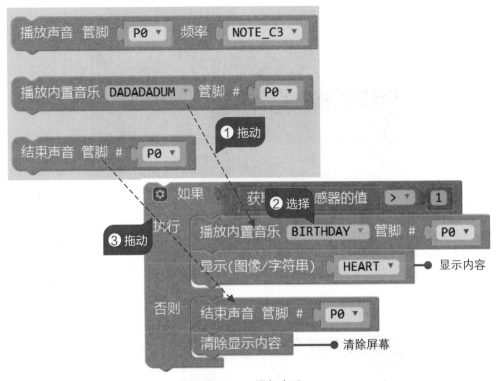

图 22-6　添加音乐

04 完善程序　添加一个循环程序，重复执行条件判断，如图 22-7 所示。

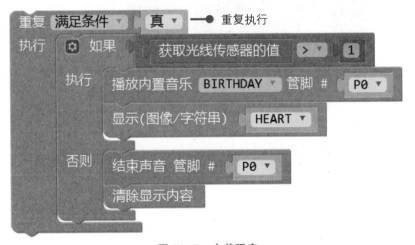

图 22-7　完善程序

05 调试程序　上传程序，测试并调试程序，将调试好的程序保存到计算机中。

制作外观

使用 1mm 厚的纸板，制作案例的外观，将主板和扩展板安装到外观上。

01 制作底座 拿出纸板，使用美工刀和胶枪制作音乐盒的底座，效果如图 22-8 所示。

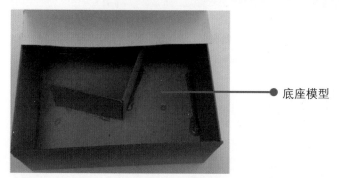

　　　　　　　　　　　　　　　　　● 底座模型

图 22-8　制作底座

02 安装元件 将主板和扩展板安装到底座之中，效果如图 22-9 所示。

　　　　　　　　　　　　　　　　　● 底座模型

　　　　　　　　　　　　　　　　　● 主板和扩展板

图 22-9　安装元件

03 完成作品 将生日贺卡安装在底座上，可以打开或合上贺卡，效果如图 22-10 所示。

　　　　　　　　　　　　　　　　　● 生日贺卡

　　　　　　　　　　　　　　　　　● 底座模型

图 22-10　生日音乐盒作品效果

创意园

(1) 修改本课中的案例，尝试播放如图 22-11 所示的内置音乐。做一做，想一想，还可以播放哪些音乐？

图 22-11　播放内置音乐

(2) 阅读如图 22-12 所示的程序，先自己预计一下运行结果，再运行验证自己猜测得是否正确。

图 22-12　程序

(3) 想一想，使用内置音乐还可以制作哪些作品？请编写程序，自己设计并制作吧！

第23课　家用自动浇花机

扫一扫，看视频

家庭外出旅游时，没有人定时浇花，回家发现花都枯萎了，而且平时定时浇花也麻烦。探究土壤湿度传感器，借助 Micro:bit，制作一个自动浇花装置，养护家中的花草，从此再也不用为忘记浇花而烦恼。赶快来一起制作并玩一玩吧！

研究院

1. 头脑风暴

本例要制作家用自动浇花机，除了使用 Micro:bit 主板外，还需要哪些传感器？想一想，它是怎么将检测的土壤湿度显示在显示屏上的？将你思考的答案填写在表 23-1 中。

表 23-1　问题与方案

要思考的问题	想解决的方案
使用什么传感器检测土壤的湿度？	
使用什么电子元件给花浇水？	

2. 思路分析

制作家用自动浇花机，需要用到土壤湿度传感器。在程序的控制下，土壤湿度传感器检测土壤中的湿度值，通过程序将结果显示在显示屏上，其工作流程如图 23-1 所示。

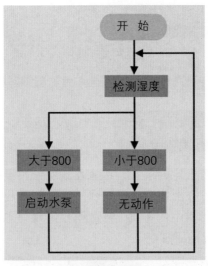

图 23-1　家用自动浇花机工作流程

使用 Mixly 软件编写、上传程序，使用土壤湿度传感器检测花草土壤中的湿度，当传感器返回的数值达到一定数时，启动水泵给花浇水。

♡　**说一说**　土壤湿度传感器检测土壤返回的数值越大，表示土壤中水分越多还是越少？

♡　**选一选**　制作此例，需要采用选择结构编写程序，请选一选可能要用到的积木指令，并说说各积木指令的功能。

□ 数字输出 管脚# 0▼ 设为 高▼　　　　□ 数字输入 管脚# 0▼

□ 模拟输入 管脚 # P0▼　　　　□ 延时 毫秒▼ 1000

□ 当前 摇晃▼ 执行　　　　□ 重复 满足条件▼ 执行

□ 其他：_____

设计室

1. 电路规划

本案例使用土壤湿度传感器和水泵，使用时只需将 Micro:bit 主板通过数据线与土壤湿度传感器和水泵连接即可，效果如图 23-2 所示。

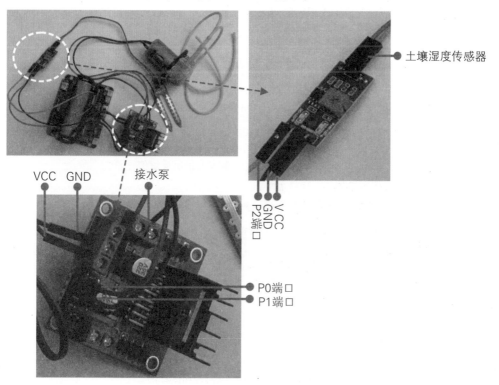

VCC　GND　接水泵

V CC
GND
P2端
口

P0端口
P1端口

土壤湿度传感器

图 23-2　连接电路

2. 外观设计

因为本案例主要实现自动浇花功能，所以外观上没有变化，保持原有不变。

🏛 实践区

制作家用自动浇花机前，需要考虑到传感器检测土壤返回的数值与土壤湿度之间的关系，当数值达到某一值时，启动水泵浇花。

了解湿度值范围

土壤湿度传感器利用电磁脉冲原理，得到土壤相对含水量，所以先要了解土壤湿度数值范围，才能有效运用。

01 **赋值变量** 运行 Mixly 软件，在循环指令中添加变量，并将土壤湿度传感器检测的数值赋给变量，如图 23-3 所示。

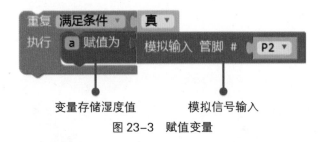

图 23-3 赋值变量

02 **检测湿度** 单击 🖋 **串口** 模块，将 Serial 波特率 115200 和 Serial 打印（自动换行） 指令添加到程序中，检测土壤中的湿度值，如图 23-4 所示。

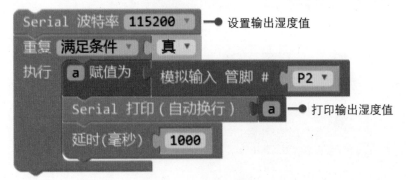

图 23-4 检测湿度

03 **上传程序** 单击 上传 按钮，将程序上传到 Micro:bit 主板中。

04 **查看湿度值范围** 上传程序后，分别将传感器放入土壤水分过量、土壤水分正好和土壤缺水的花盆中，按图 23-5 所示操作，查看湿度值范围。

图 23-5　查看湿度值范围

编写程序

重复检测土壤湿度，根据检测的湿度值，提示是否需要浇水。

01 **添加多个条件**　继续编写程序，按图 23-6 所示操作，添加 2 个条件，判断土壤是否需要浇水。

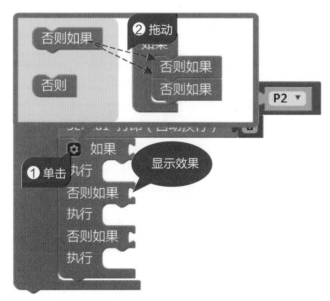

图 23-6　添加多个条件

02 **添加逻辑判断**　按图 23-7 所示操作，添加 1 个逻辑判断并设置相应的数值。

03 **编写其他程序**　按照同样的方法，添加其他程序，如图 23-8 所示，在土壤水分低时自动浇花。

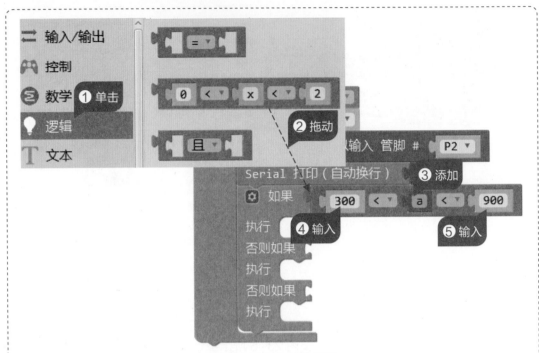

图 23-7　添加逻辑判断

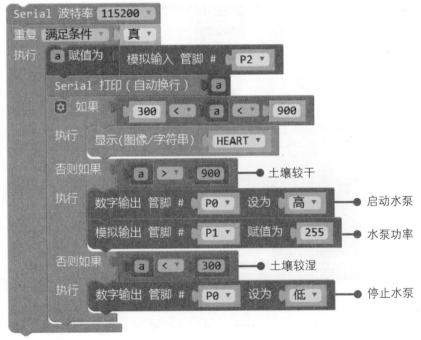

图 23-8　编写其他程序

04 **调试程序** 上传程序，测试并调试程序，将调试好的程序保存到计算机中。

创意园

(1) 修改本课中的案例，使程序运行后的效果如图 23-9 所示。运行程序，当土壤中湿度较低时，显示左图效果，湿度越高，显示的亮点越多，如果水分太多则全部点亮，表明土壤中水分过多。

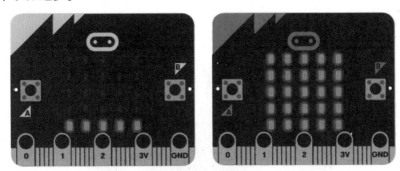

图 23-9　程序运行效果

(2) 阅读如图 23-10 所示的程序，先自己预计一下运行结果，再运行验证自己猜测得是否正确。

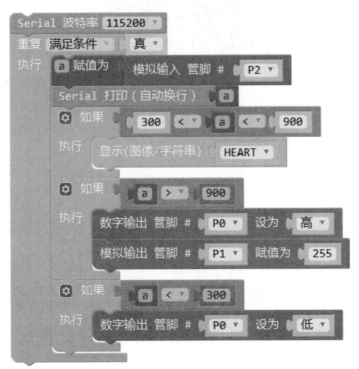

图 23-10　程序

(3) 想一想，在本案例中添加一个水泵，当土壤中湿度过低时，自动给花草浇水，你能不能制作出来？请动一动手，设计并制作吧！

第 24 课　初探机器人小车

扫一扫，看视频

　　玉兔号是中国首辆月球车，具备爬坡、越障能力，并配备有相机、雷达等科学探测仪器。探究 Micro:bit 在电机方面的扩展应用，制作一辆简易的月球车，实现行走的功能，赶快来一起制作吧！

🧠 研究院

1. 头脑风暴

　　本例要制作一辆月球车，想一想，它是怎么前进或后退的？将你思考的答案填写在表 24-1 中。

表 24-1　思考与方案

要思考的问题	想解决的方案
月球车如何实现前进和后退？	
Micro:bit 如何控制月球车？	

2. 思路分析

　　通过 Micro:bit 主板上的 A、B 两个按钮，来控制月球车的前进与停止，其工作流程如图 24-1 所示。

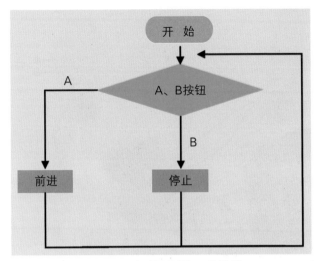

图 24-1　初探月球车工作流程

使用 Mixly 软件编写、上传程序，测试月球车能否正常运行。

♡ 说一说　月球车首先要实现行走功能，案例中需要使用哪些元件来驱动？

♡ 选一选　制作此例，需要采用选择结构编写程序，请选一选可能要用到的积木指令，并说说各积木指令的功能。

□ 其他：_____

设计室

1. 电路规划

将 2 只减速电机先与电机驱动模块连接，再与 Micro:bit 扩展板中的 P1、P2、P8、P12 管脚相连，通过控制 P1、P2、P8、P12 管脚，使相对应的减速电机前进或停止，如图 24-2 所示。

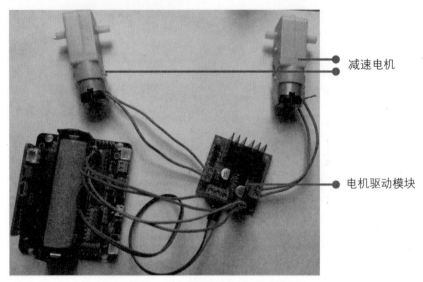

图 24-2　初探月球车电路规划

2. 外观设计

　　月球车包含主板、扩展板、电机和电机驱动模块等，如何合理安排这些元件，将它们有序地组合起来，制作成一辆小车呢？开动你的小脑筋，发挥你聪明的想象力吧！

　♡　**画一画** 对于案例的外观设计，你有什么样的构思，请画出来。

　♡　**想一想** 你可以给月球车添加眼睛吗？能够自动避开障碍物吗？

🏛 实践区

　　本案例通过 Micro:bit 主板控制电机的转动，从而实现月球车的前进与停止，制作时应多尝试操作，发现问题并解决问题。

连接线路

减速电机先要连接到电机驱动模块，再与 Micro:bit 扩展板相连接，才能实现主板对电机的控制。

01 **连接到电机控制模块**　将减速电机与电机控制模块相连接，效果如图 24-3 所示，线路不分正负极。

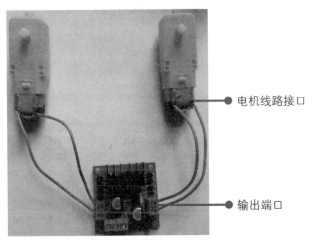

电机线路接口

输出端口

图 24-3　连接电机控制模块

02 **连接到扩展板**　按图 24-4 所示操作，将电机控制模块与扩展板相互连接。

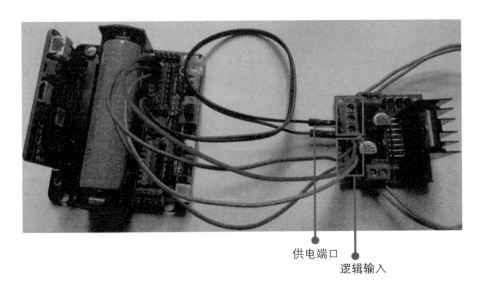

供电端口

逻辑输入

图 24-4　连接到扩展板

编写程序

重复判断 Micro:bit 主板上的 A、B 按钮是否被按下，当按钮被按下，执行相对应的程序。

01 添加条件判断 按图 24-5 所示操作，添加重复执行和条件判断语句。

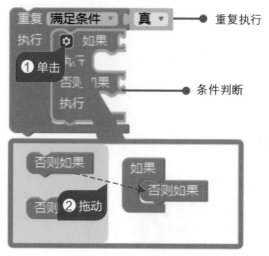

图 24-5 添加条件判断

02 设置判断条件 单击 传感器 模块，按图 24-6 所示操作，设置条件。

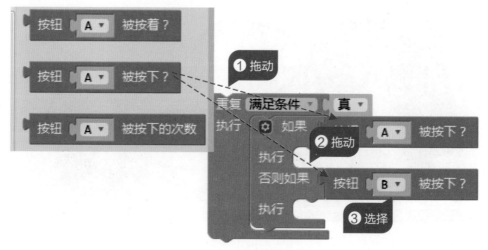

图 24-6 设置判断条件

03 编写电机程序 按图 24-7 所示操作，添加一个逻辑。

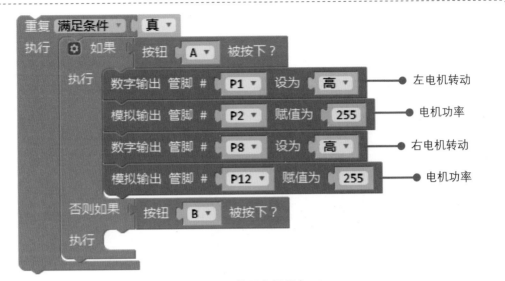

图 24-7　编写电机程序

04 编写其他程序　继续编写程序，添加逻辑判断执行程序，并完成剩余程序的编写，如图 24-8 所示。

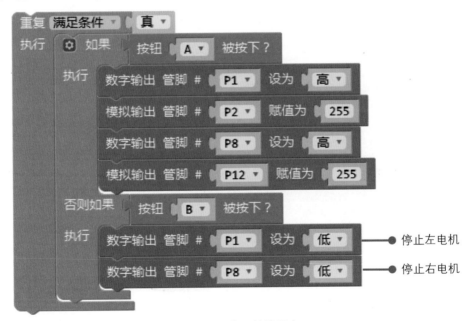

图 24-8　编写其他程序

05 调试程序　上传程序，测试并调试程序，将调试好的程序保存到计算机中。

制作外观

使用 1mm 厚的纸板，制作案例的外观，将主板和扩展板安装到外观上。

01 **安装电机** 拿出纸板，使用美工刀和胶枪制作月球车的底座，将减速电机安装到底座上，效果如图 24-9 所示。

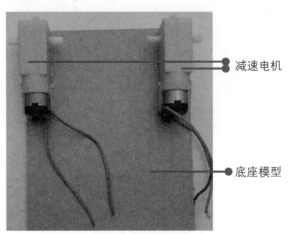

减速电机

底座模型

图 24-9 安装电机

02 **安装轮胎** 将月球车的前后轮胎安装到底座和电机上，效果如图 24-10 所示。

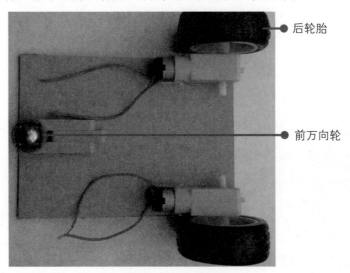

后轮胎

前万向轮

图 24-10 安装轮胎

03 **完成作品** 将电机与电机驱动模块连接，并安装好主板和扩展板，完成月球车的制作，效果如图 24-11 所示。

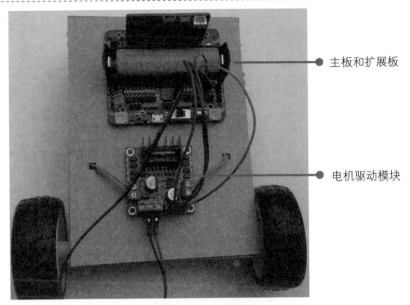

图 24-11　完成作品

04　测试作品 打开 Micro:bit 扩展板电源，按下按钮 A 启动小车，测试行走效果。

💡 创意园

(1) 修改本课中的案例，使程序运行后的效果如图 24-12 所示。运行程序，当电机运转时，显示左图效果；当电机停止时，显示右图效果。

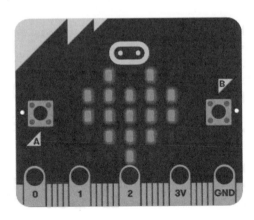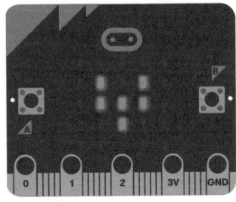

图 24-12　程序运行效果

(2) 阅读如图 24-13 所示的程序，先自己预计一下运行结果，再运行验证自己猜测得是否正确。

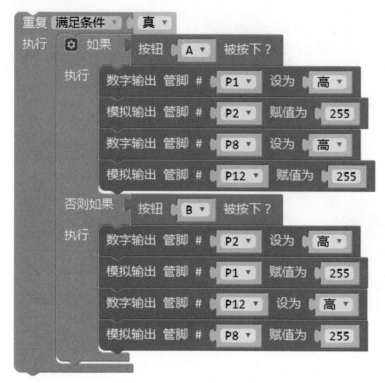

图 24-13 程序

(3) 请给月球车安装一个超声波传感器，当检测到障碍物时，小车停止前进，编写程序，自己设计并制作吧！